每天都用的圈织暖物

[日] E&G 创意 / 编著

张潞慧 / 译

FASHION WARMERS CROCHET

中国纺织出版社

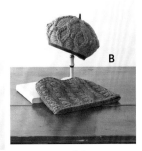

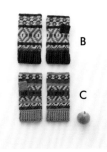

阿伦花样护腿

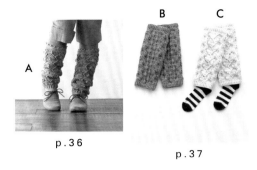

p.36

p.37

糖果色短袜

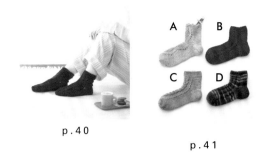

p.40

p.41

拼色花纹复古包

p.44

p.45

七彩发圈

p.48

p.49

阿伦格子花纹包

p.52

p.53

※ 由于印刷原因，存在线色与色号略有差异等情况。

※ 为了便于理解线色和粗细，在重点课程中使用实物图片展示。

配色编织花纹帽子C 彩图…p.13
逆短针 ⵝ

1. 在编织开始部分入针，针上挂线（a），钩出1针后继续挂线（b）。按箭头所示钩完1针后锁针完成。

2. 在完成的1针锁针处按箭头从下一针开始从前往后入针。

3. 在针上钩线，按箭头勾出1针。

4. 再次挂线，将2个线圈一起引出并收紧。

整理线尾部分

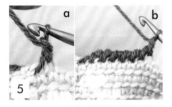

5. a处为完成1针逆短针编织的位置，从此处重复步骤2~5的编织。b处为完成了7针的状态。

6. 编织完1圈后留出线头，从针脚处将线头引拔后，将线绕在针上，从起针的地方开始穿过1根缝衣针。

7. 最后1针也将针穿过去。

8. 翻过编织物后穿过2~3cm的针圈后，将线头穿入缝衣针的针孔，将线引出后剪断。

阿伦花纹帽子A～C 彩图…p.16,17
右上3针的变形外钩长长的交叉针

6 54 32 1

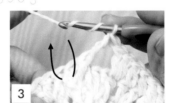

第5段
6 5 4 3 2 1

1. 将右上3针的变形外钩长长的交叉针的最后1针上绕上2圈，在下一组花纹的第4针如图从正面入针。

2. 图片为入针的位置。在针上挂针，引出足够长的线。

3. 参照P.61钩长长针。完成外钩长长针1针。

4. 继续在第5、6针的位置，按照第4针的要领编织外钩长长针。图片为4~6针的外钩长长针完成的状态。

5. 接着将步骤4按照箭头所示从正面插入第1针外钩长针的针脚，编织外钩长针。

6. 继续编织第2、3针外钩长针。右上3针的变形外钩长长的交叉针完成。

阿伦花纹帽子A　彩图…p.16

3股麻花辫的收尾方法

1 将4根85cm的线系在主体上。准备3组这样的线（a）。在后1行的针脚插入钩针，在针尖钩上对折后的4根线（b），钩出。

2 钩出的位置。将钩针如图钩住毛线后钩出环状。

3 将线端抽出后收紧根部。

4 按照步骤1~3打3组结。

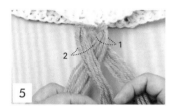

5 按照右端（1）、左端（2）的顺序重复编织3组毛线。

6 编织至22cm的位置时用其他线绕2~3次后在反面打结。

7 将打结后的毛线线头穿针，把针穿过结的中心。

8 连同打结毛线一起整理后留出8cm的位置剪裁。

阿伦花纹帽子B　彩图…p.24

右上2针并1针的变形外钩长针

1 编织至右上2针并1针的变形外钩长针的位置，针上挂线。

2 按照步骤1的箭头所示将钩针穿入上1行第3针的外钩长针针脚内，挂线后钩出。

3 钩出的位置。将针上的线引拔后，编织外钩长针（未完成的外钩长针）。

4 未完成的外钩长针的位置。在针上挂线后在第4针的位置参照步骤2~3编织外钩长针。

5 针上挂线，按照箭头所示完成3针引拔。

6 完成2针并1针的外钩长针。在针上挂线。

7 在上1行的1·2针的位置参照步骤2~3编织未完成的外钩长针，在针上挂线完成引拔。

8 引拔后的状态。右上2针并1针的变形外钩长针完成。

配色编织花纹手套A　彩图…p.32

配色编织的编织方法（短针的条纹针编织）

第1行编织完成（从第2行开始加入配色线）

1 在第一行的最后一针进行引拔之前，将基础色（茶色）线绕在针上。再将配色线（粉色）按照箭头进行引拔。

2 引拔后将编织线换为配色线。

第2行

3 完成后编织1针锁针，"将配色线和基础色线一起挑针，在第1行的反面半针位置插入钩针"，用钩针将配色线钩出。

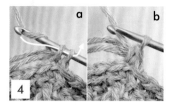

a　b

4 如箭头所示钩出线。再一次在针尖上绕配色线，绕2次后引拔（a）。用配色线完成1针短针条纹针。

5 第2针先将最后引拔的配色线停针，将基础色线钩出。

6 引拔后则编织线换成了基础色线。

7 第3针先将引拔后的基础色线停针，将配色线按照符号进行引拔。

8 引拔后将编织线换为配色线。

第2行编织完成（从第3行开始编织基础色线）

9 完成1针配色线的短针条纹针编织。第2针将最后引拔的配色线停针，在钩针上绕基础色线后引拔。

10 重复6~9的步骤，在线端、停针和挂线的过程中（参照3中""的内容）编织侧面的针脚。将线头留出3cm的距离后收尾剪断。

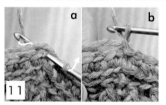

a　b

11 将配色线钩出后在针尖绕上基础色线，按照箭头引拔（a）。引拔后在完成的第3行处编织1针锁针完成。

12 完成花纹的反面。完成后将线头作藏针处理。

大拇指的编织方法　*以右手为例解说

第15行

1 编织至大拇指位置。

a　b

2 将配色线绕在针上，连同基础色线一起编织1针锁针（a）。基础色线编织完成锁针的状态（b）。

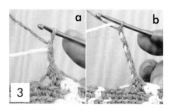

a　b

3 用步骤2的方法编织基础色线的第2针锁针（a）。重复2~3编织7针锁针（b）。

4 将7针锁针在第8针针脚处入针，在配色线的钩针上绕上基础色线后进行短针条纹针编织。

5

编织完成短针条纹针后出现大拇指的开口位置。在下一行从大拇指开口位置锁7针（对侧半针参照4的箭头）位置边挑针边编织7针短针。

6

接着按照图中标记在手背侧和手掌侧织成一圈。

7

在拇指位置的右端系线（a），按照6的标记挑针后编织1行。图片为编织完成的状态（b）。

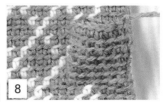

8

继续编织7行。完成大拇指的位置。

配色编织花纹护腕　彩图…p.29
配色编织的编织方法（短针）

第2行

1

将配色线（白色）包裹住，与基础色线（粉色）的短针第2针一起编织。将基础色线停针后放在一边待织。

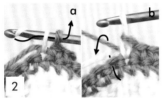

2

沿着1中的箭头将针插入后钩出配色线，在针尖挂线（a）后引出（b）。用配色线编织1针短针。

3

参照步骤1·2更换配色后编织1行。编织完成后将配色线（下一行的线）引拔后换编织线引拔，完成后编织1针锁针。

第3行

4

将编织物换手后参照1·2编织，完成后继续编织第3行。

阿伦花样护腿　彩图…p.37
外钩中长针的5针变形枣形针

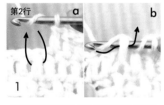

第2行

1

编织至外钩中长针的5针变形枣形针的位置，在针尖挂线（a），按照箭头编织"将针插入上1行的长针针脚后挂线"。

2

按照步骤1-b勾出线后在针尖挂线。

3

重复步骤1的""和步骤2的内容，在针尖挂线后按照箭头所示引拔10圈。

4

挂线后将余针一次性一起引拔。

在（外钩中长针的5针变形枣形针）的位置编织为（外钩长长针）

5

外钩中长针的5针变形枣形针完成。

1

编织至上1行的外钩中长针的5针变形枣形针位置，在针尖挂线。

2

参照步骤1的箭头所示，将水滴针的线束挑针后入针，在针尖挂线后引拔，编织外钩长长针（参照P.61）。

3

编织完成。

糖果色短袜B　彩图…p.40,41　＊为了便于理解用了不同颜色的线来进行讲解。

编织顺序

1 脚尖位置用锁针起19针，以长针按图示编织4行环状。

2 继续主体从第2行开始编织脚背，编织20行外钩长针花样。

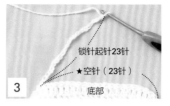

锁针起针23针
★空针（23针）
底部

3 编织至第20行的脚后跟★处（23针）停针，然后编织23针锁针作为起针。

4 从第21行开始将起针位置从下一行的长针的位置入针，在针尖挂线后引拔。

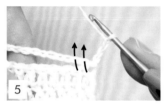

5 第1行锁针编织3针立针。

6 将上半针的里山（参照步骤5）挑针编织22针长针，编织27针花样后织成一圈，将立针的第3针引拔。图为引拔位置。

脚后跟开口

7 继续脚背面按照花样编织，脚底编织30行长针编织，最后再编织3行缘编织。

脚后跟的编织

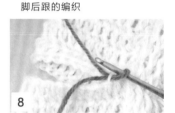

8 从脚后跟右侧穿线。

9 在脚后跟开口位置锁针起23针，从停针的第20行开始一针针挑针，从中间到两端边减针边编织6行长针。图为编织完6行的状态。

10 编织完第6行后开始收针。将编织物翻过来，"将针穿过两侧的长针起针行，在针尖上挂线后引拔"。

11 引拔1针的位置，下1针也按步骤10的""重复进行编织。

12 编织到左端第13针的位置。

13 留出线头后挂线引拔。

14 将线头留出2~3cm的长度后藏针收尾。

15 将织物翻至正面，袜子编织完成。

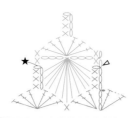

拼色花纹复古包A 彩图…p.44

配色编织的编织方法

第3行

第1针

1 针上挂线，锁针1针作立针，钩织1针短针，3针锁针，再挂线。

2 按步骤1中第1针的位置插入针。

3 再挂线后钩出，然后在针尖挂线。

4 按照步骤2和3的方法编织13针后整体挂线引拔。

5 引拔后的状态。

4 锁针3针在★处编织短针。编织13针中长针后完成。

拉锁的固定方法

1 以主体正面的左侧为起点，将拉链一端与包包重叠。将拉链边缘沿着编织物的边缘用大头针暂时固定。

2 反面也用同样方法固定。

3 将多余的拉链折入内侧。

4 翻到正面后，在主体的最后一行的短针位置用回针缝缝合固定。

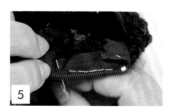

5 图片为从反面看的状态。

流苏的制作方法

1 在宽5cm的厚纸上绕10次线。

2 将线抽出，在中点用线束起打结（a）。在打结的位置以下约0.8cm的位置再打1个结，将下端的线圈剪开（b）。

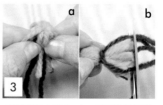

3 将流苏向上翻（a）。在打结位置以下约1.5cm的位置将所有线打结固定，留出2.5cm后整理（b）。

与拉锁零件穿在一起的方法

4 在针上穿线后如图穿过打结完成的流苏，穿过拉链的拉链头后再穿回来，将线头在流苏的中心打结。

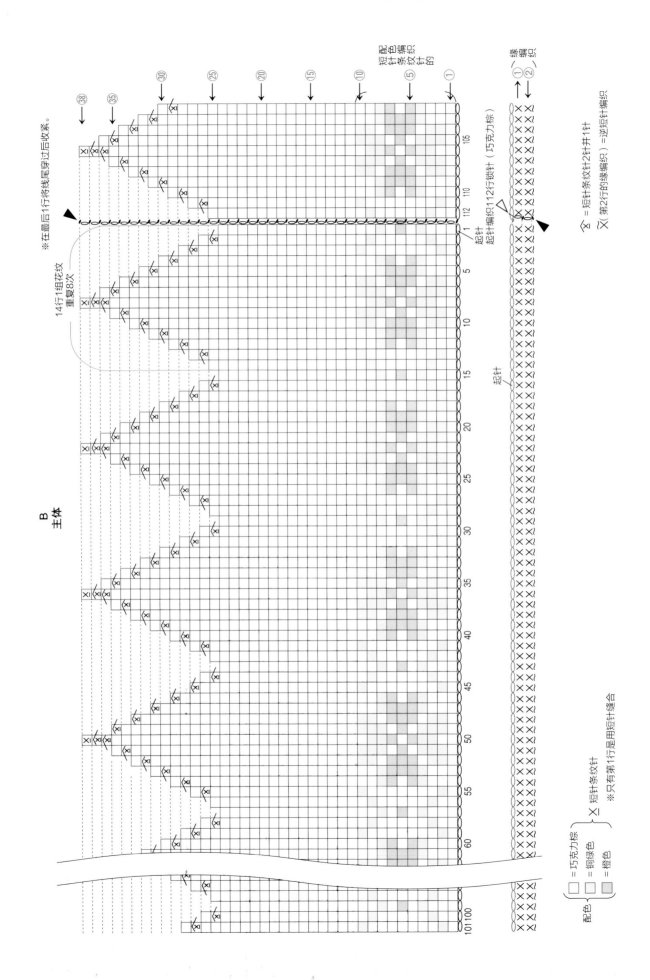

B
主体

配色
短针条纹针
针条纹织
的针

※在最后最后1行将线尾穿过后收紧。

14行1组花纹
重复8次

起针
起针编织112行锁针（巧克力棕）

短针编织112行锁针（巧克力棕）

缘编织

配色 { □ = 巧克力棕
□ = 铜绿色
▨ = 橙色 }

区 短针条纹针

全 = 短针条纹针2针并1针
区（第2行的缘编织）= 逆短针编织

※只有第1行是用短针缝合

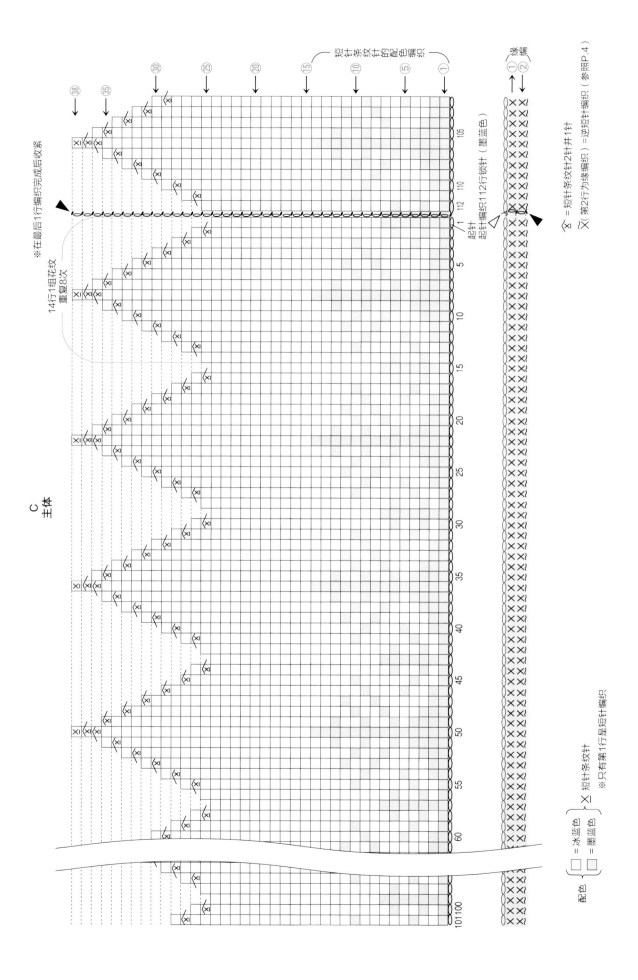

C
主体

短针条纹针的配色编织

⑩ ⑤ ①

短针条纹针的配色

缘编

※在最后最后11行编织完成后收紧

14行1组花纹
重复8次

起针
起针编织112行锁针（墨蓝色）

☒ = 短针条纹针2针并针1针
⋉（第2行为缘编织）＝逆短针编织（参照P.4）

配色 {⬜ = 冰蓝色 ☒ = 短针条纹针
         ▨ = 墨蓝色

※只有第11行是短针编织

11

配色编织花纹帽子

在北欧的森林中，雪花簌簌下落的美丽场景。帽顶还有一颗小小的毛线球。

编织方法… P.14　设计/制作…今村曜子

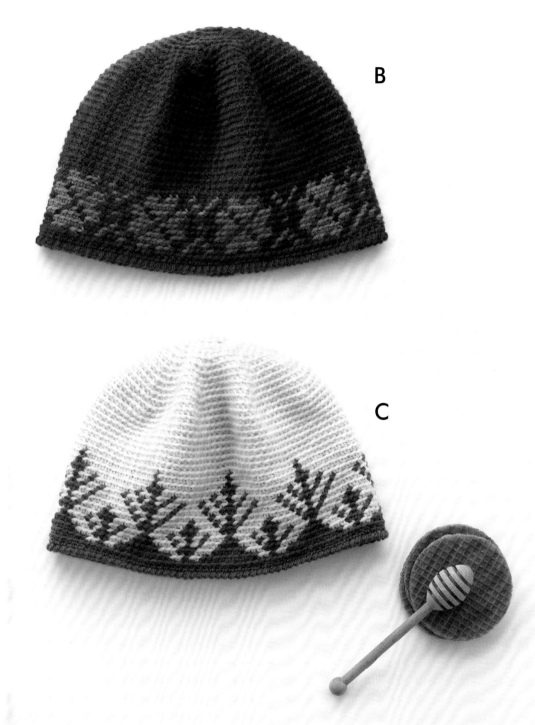

B

C

编织不同花纹的简洁的帽子。有种让人怀念的复古风。

编织方法… P.14　设计/制作…今村曜子

配色编织花纹帽子 A·B·C

彩图…p.12·13　重点课程…p.4

＊线　Hamanaka Amerry 系列＜通用＞／A 藏青色（17）…45g、
　　纯白色（20）…30g
　　B 巧克力棕（9）…55g、草绿色（13）…10g、橙色（4）…5g
　　C 冰蓝色（10）…45g、墨蓝色（16）…15g
＊针　＜通用＞钩针6/0号
＊尺寸　A头围56cm、帽深21cm　B·C头围55cm、帽深21cm
＊编织密度　＜通用＞短针条纹针的配色花样编织/20.5针×19行
　　＝10cm×10cm

＊编织方法
1＜通用＞
A锁针起114针，B·C锁针起112针，首尾相接成为环形。以短针条纹针的配色花样编织，共编织24行。从第25行开始分散减针，编织完成后在最终行收针，整理收尾。
2＜通用＞
边缘编织起针开始挑针，第1行为短针编织，第2行为逆短针编织。
3
A中用纯白色线制作1个毛线球，固定在帽子顶部。
※主体的编织方法　A：p.15　B：p.10　C：p.11

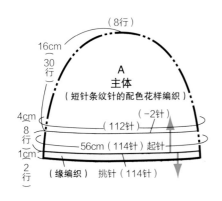

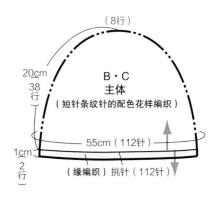

A 毛线球　纯白色

7cm

毛线球的制作方法

①
厚纸
8cm

※双股线缠75圈。

③剪开线圈
②将中央部分固定

④
剪裁修理

A 整理方法

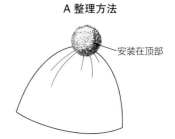

安装在顶部

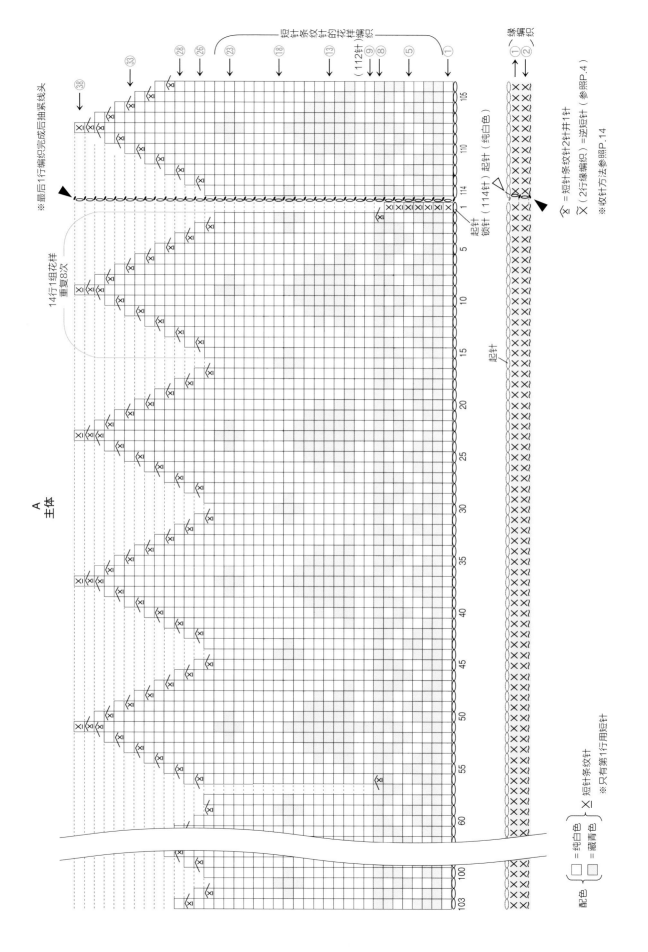

A
主体

短针条纹针的花样编织

缘编织

14行1组花样
重复8次

※最后1行编织完成后抽后系线头

起针
锁针（114针）起针（112针）

起针（114针）起针（纯白色）

☆ = 短针条纹针2针并1针
⊽ = （2行缘编织）=逆短针（参照P.4）
⊽ = （2行缘编织）=逆短针（参照P.14）
※收针方法参照P.14

配色 { □ =纯白色 } ⊠ 短针条纹针
{ ■ =藏青色 }

※只有第1行用短针

阿伦花纹帽子

A

用非常温暖的粗呢线编织的麻花花纹的帽子。

将三股辫编织的部分固定在帽口稍微偏后的位置，确保戴上帽子后能看到一部分三股辫就可以。

编织方法… P.18　设计/制作…河合真弓

B

C

使用两种颜色搭配编织并加上大大的毛线球使原本非常男性化的帽子变得俏皮起来。

不论男女都非常适合的款式，还不快给男朋友和家人都编织一顶？

编织方法… P.18　设计/制作…河合真弓

阿伦花纹帽子 A·B·C

彩图··· P.16·17　重点课程···p.4,5

＊线　DARUMA手编线系列 经典毛呢线＜通用＞/A 茶色（6）…60g
　　　B 蓝色（3）…95g、海军蓝（2）…30g
　　　C 海军蓝（2）…65g、砖红色（5）…35g
＊针　＜通用＞钩针10/0号
＊尺寸　头围＜通用＞52cm、帽深 A 21cm、B 23cm、C 22cm
＊编织密度　＜通用＞花样编织／11.5针×6.5行=10cm×10cm

＊编织方法
1＜通用＞
首先起一圈针，再边加针边编织花样，共编织12行。B中有6行配色。
缘编编部分根据各自的指定行数编织。

2
在A的相应位置固定麻花辫装饰，编织指定长度的三股麻花辫后整理收
尾。在B的顶部固定毛线球，将4行缘编织向外折。将C的砖红色毛线球
固定在顶部。

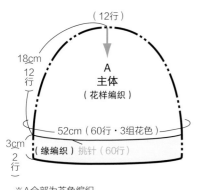

※A全部为茶色编织

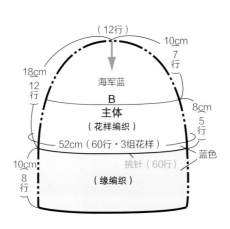

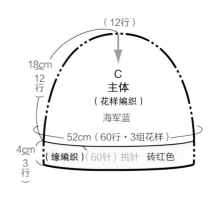

整理方法

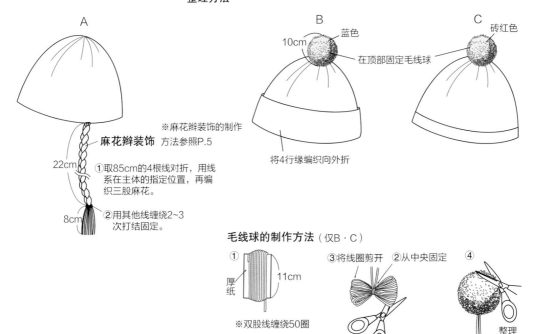

A
※麻花辫装饰的制作
麻花辫装饰 方法参照P.5
22cm
①取85cm的4根线对折，用线
系在主体的指定位置，再编
织三股麻花。
8cm
②用其他线缠绕2~3
次打结固定。

B
蓝色
10cm
在顶部固定毛线球
将4行缘编织向外折

C
砖红色

毛线球的制作方法（仅B·C）
① 厚纸　11cm
③将线圈剪开
②从中央固定
④
整理
※双股线缠绕50圈

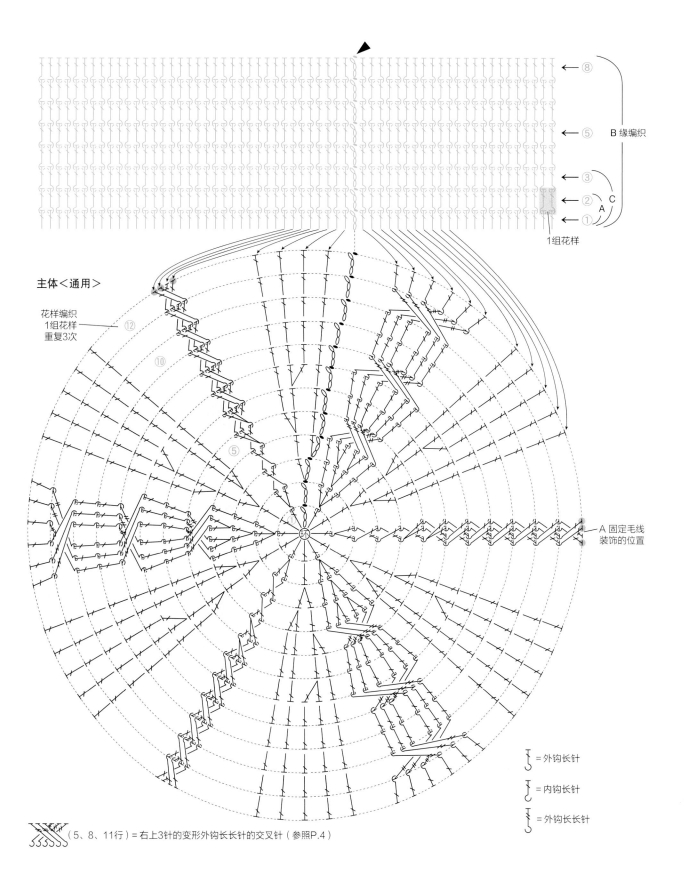

B 缘编织

③
②　C
①　A

1组花样

主体＜通用＞

花样编织
1组花样
重复3次

A 固定毛线
装饰的位置

⌇ ＝外钩长针

⌇ ＝内钩长针

⌇ ＝外钩长长针

（5、8、11行）＝右上3针的变形外钩长长针的交叉针（参照P.4）

阿伦花纹贝雷帽&围脖

BERET+NECK WARMER

A

能够提升冬季搭配品位的贝雷帽&围脖，
因为是固定款式的阿伦麻花纹，所以是非常容易上手的设计哦。

编织方法… 贝雷帽 P.22/围脖 P.26　设计/制作…Oka Mariko

阿伦花纹贝雷帽 A·B·C

彩图… p.20～25　重点课程…p.5

*线　A Olympus手编线EVER FEEL系列/苔藓绿色（109）…105g
　　B Olympus手编线EVER FEEL系列/灰色（104）…95g、黑色（108）…10g　C Olympus手编线EVER FEEL系列/胭脂色（106）…95g、EVER TWEED系列/胭脂红混合色（65）…30g
*针　＜通用＞钩针7.5/0号·7/0号
*尺寸　＜通用＞头围46cm，帽深 A 22cm、B·C 21cm
*编织密度　＜通用＞花样编织/18针×14.5行=10cm×10cm
　短针编织/17.5针×20行=10cm×10cm

*编织方法
1＜通用＞
锁针起针90针，引拔成环状。第2行开始分散加针，第3行开始花样编织。从第13行开始分散加针共织29行。在最后1行收针穿线抽紧。缘编织部分挑针编织4行短针。

2
编织A·B的装饰品固定在帽顶。C用胭脂红混合色编织毛线球（参照P.14），固定在帽顶。

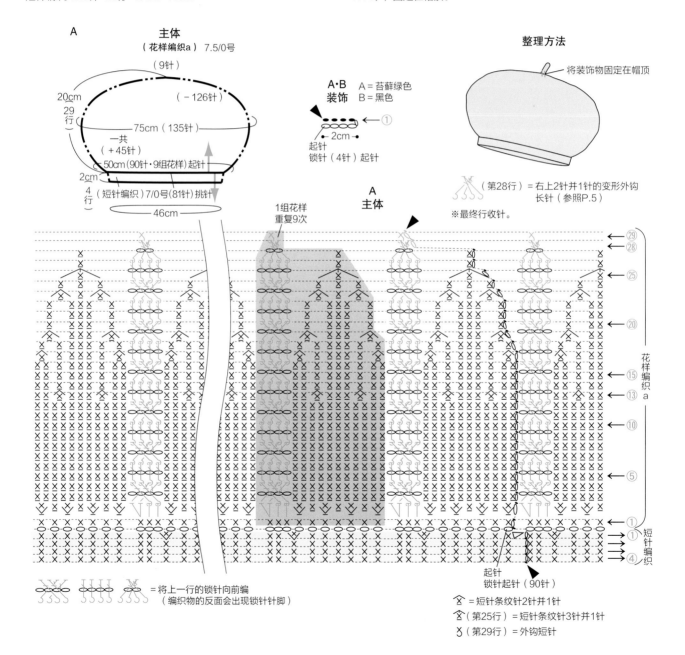

A
主体
（花样编织a）7.5/0号
（9针）
20cm
29行
（−126针）
75cm（135针）
一共（+45针）
50cm（90针·9组花样）起针
2cm
4行（短针编织）7/0号（81针）挑针
46cm

A·B 装饰　A＝苔藓绿色　B＝黑色
2cm
起针 锁针（4针）起针

整理方法
将装饰物固定在帽顶

（第28行）＝右上2针并1针的变形外钩长针（参照P.5）
※最终行收针。

1组花样重复9次

A 主体

花样编织a
短针编织

←29
←28
←25
←20
←15
←13
←10
←5
←①
①→
④→

起针 锁针起针（90针）

=将上一行的锁针向前编（编织物的反面会出现锁针针脚）

⚰ ＝短针条纹针2针并1针
⚰（第25行）＝短针条纹针3针并1针
⅄（第29行）＝外钩短针

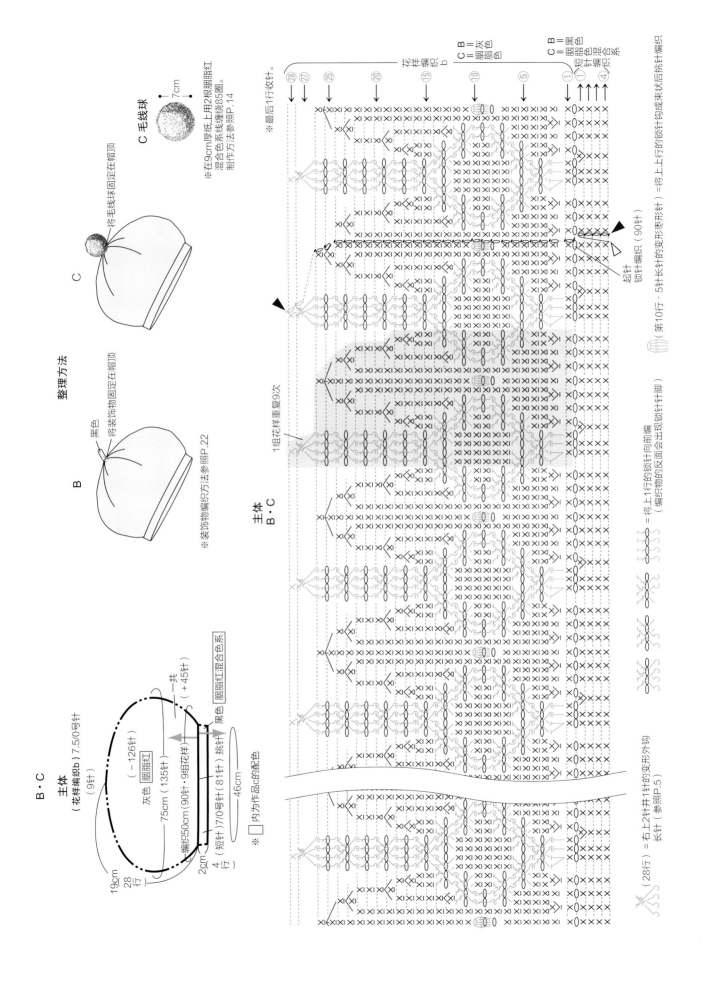

整理方法

B・C

C 毛线球
※在9cm厚纸上用2根胭脂红混合色系线缠绕85圈。制作方法参照P.14

●—7cm

将毛线球固定在帽顶

C

B
黑色
将装饰物固定在帽顶
※装饰物编织方法参照P.22

主体
B・C

花样编织b
C B
＝灰色
＝胭脂色

C B
＝黑色
＝胭脂色系
短针 ＝编织混合系

① 起针
锁针编织（90针）

※最后1行收针。

1组花样重复9次

B・C

主体
（花样编织b）7.5/0号针
（9针）

灰色 胭脂红
19cm 28行
75cm（135针）
（－126针）
（－共 45针）

黑色 胭脂红混合色系
编织50cm（90针・9组花样）
4行 短针17/0号针（81针）挑针
2cm
46cm

□ ＝内为作品c的配色
※ □

起针
锁针编织（90针）

=将上上行的锁针挑针后成束状后挑织针

（第10行・5针长长针的变形表针）
=将上1行的锁针的反面会出现锁针针脚
=将上1行的锁针向前编织
编织物的反面会出现锁针针脚

（28行）＝右上2针并1针的变形外钩
长针（参照P.5）

2 3

B

用麻花花纹编织出有存在感的菱形花样。
在基础色上编织出立体的阿伦花样的设计感。

编织方法…贝雷帽 P.22/围脖 P.26　设计/制作…Oka Mariko

C

与B相同的菱形花纹和麻花花纹设计。
用彩色的粗毛呢线编织出围脖和毛线球帽子的特别效果。

编织方法… 贝雷帽 P.22/围脖 P.26　设计/制作…Oka Mariko

阿伦花纹围脖 A·B·C

彩图… P.20～25

* ＊线　Olympus手编线EVER FEEL／A 苔藓绿色（109）…110g
  B Olympus手编线EVER／灰色（11）…110g
  C Olympus手编线EVER TWEED／胭脂红混合色线（65）…120g
* ＊针　A·C 钩针7.5/0号针·7/0号针　B 钩针6/0号针·7/0号针
* ＊尺寸　参照图
* ＊编织密度　A 花样编织a／17针×15行=10cm×10cm
  B 花样编织b／18针×15行=10cm×10cm
  C 花样编织c／17.5针×15行=10cm×10cm

＊编织方法

1＜通用＞
以锁针起针A起91针、B起90针、C起108针，引拔成环状。编织24行花样编织。继续编织2行缘编织。在起针侧也编织2行缘编织。

2
C用同色系2根毛线编织带子。将带子穿过主体的指定位置，将两端整理出流苏后收尾。

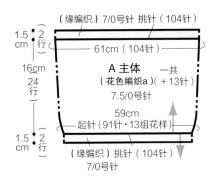

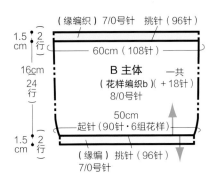

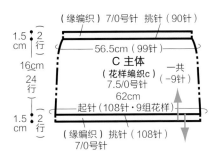

A 本体

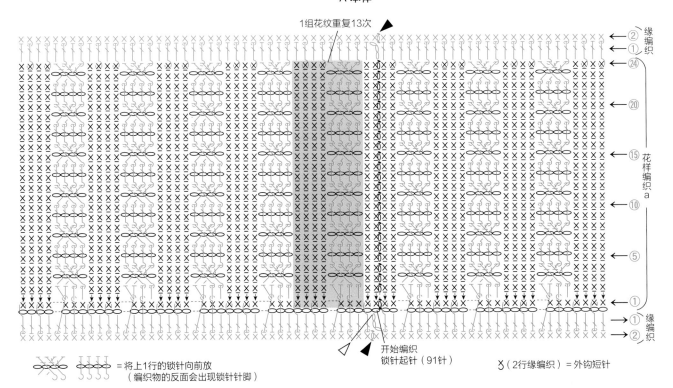

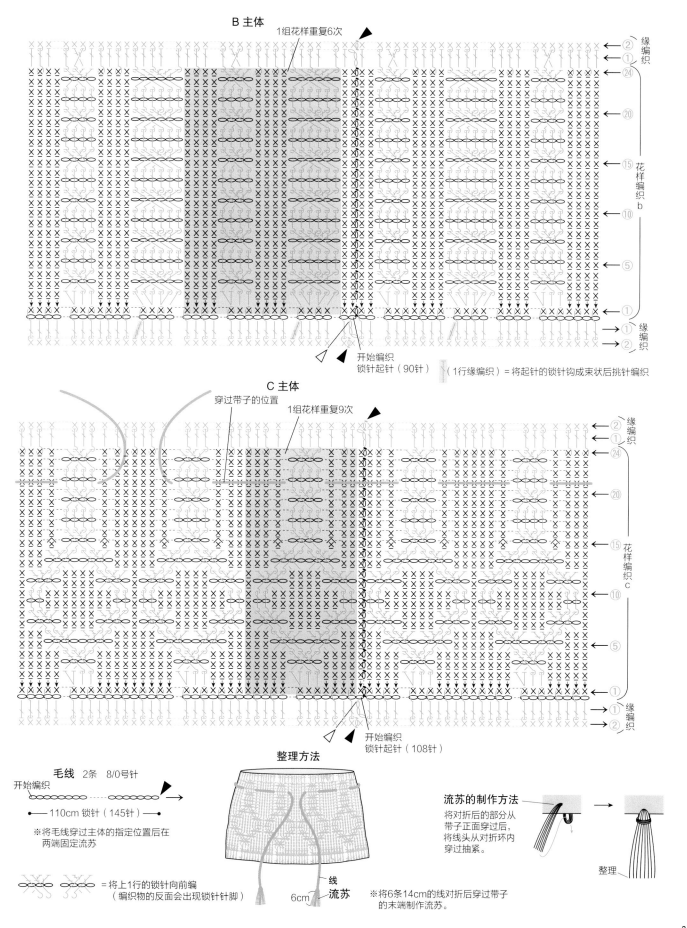

B 主体

1组花样重复6次

缘编织 ←②
←①
←㉔
←⑳
←⑮ 花样编织 b
←⑩
←⑤
←①
缘编织 →①
→②

开始编织
锁针起针（90针）

（1行缘编织）＝将起针的锁针钩成束状后挑针编织

C 主体

穿过带子的位置

1组花样重复9次

缘编织 ←②
←①
←㉔
←⑳
←⑮ 花样编织 c
←⑩
←⑤
←①
缘编织 →①
→②

开始编织
锁针起针（108针）

毛线 2条 8/0号针
开始编织
← 110cm 锁针（145针）
※将毛线穿过主体的指定位置后在
两端固定流苏

整理方法

线
流苏
6cm

流苏的制作方法
将对折后的部分从
带子正面穿过后，
将线头从对折环内
穿过抽紧。

整理

※将6条14cm的线对折后穿过带子
的末端制作流苏。

＝将上1行的锁针向前编
（编织物的反面会出现锁针针脚）

配色编织花纹护腕

WRIST WARMER

即使穿长袖也可以看到的色彩斑斓的护腕，运用了费尔岛花纹来增强装饰性。

编织方法… P.30　设计/制作…Ryo

C   D

E   F

可爱的点状花纹，
花纹虽然非常有跳跃性，
但是两种颜色的搭配也能搭出沉稳的效果。

编织方法… P.30　设计/制作…Ryo

配色编织花纹护腕 A·B·C·D·E·F

彩图… P.28.29　重点课程…p.7

＊线　A DARUMA手编线　小卷café Demi＜通用＞／水蓝色（17）
・青绿色（19）…各4g、深绿色（16）…3g、淡绿色（13）・绿色
（14）…各2g、红紫色（23）…1g

　　B 红紫色（23）・青绿色（19）…各4g、淡绿色（13）・深绿色
（16）…各2g、绿色（14）・水蓝色（17）…各1g

　　C 黑色（30）…8g、白色（29）…7g　D 白色（29）…8g、黑色
（30）…7g

　　E 红色（26）…10g、本白色（9）…5g　F 本白色（9）…10g、红
色（26）…5g

＊针　＜通用＞钩针2/0号针

＊尺寸　A·B：手围17cm・长度11.5cm

　　C·D：手围18cm・长度12.5cm

　　E·F：手围16cm・长度13cm

＊编织密度　A·B／短针编织的配色花样编织28针×29行＝10cm×
10cm　C·D／短针编织的配色花样编织27针×29行＝10cm×10cm
　　E·F／短针的配色花样编织30针×29.5行＝10cm×10cm

＊编织方法

A·B

锁针起48针，引拔编织成环状。编织3行缘编织a，接下来编织28行短
针配色，编织1行缘编织b，狗牙针后完成。缘编织a用圈织编织，花样
编织用圈织反复编织。

C·D

锁针起49针，织成环状。用短针的配色编织钩27针，缘编织b编织1行
狗牙针编织后完成。从起针开始挑针编织3行缘编织a。用圈织反复编
织缘编织a和配色编织。

E·F

锁针起48针，织成环状。编织5行缘编织a。继续用短针配色编织钩26
行，缘编织b编织1行狗牙针编织后完成。用圈织反复编织配色编织花
纹。

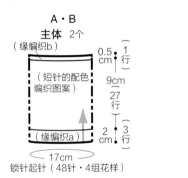

A·B
主体　2个
（缘编织b）

（短针的配色编织图案）

0.5cm　1行
9cm　27行
2cm　3行

17cm

锁针起针（48针・4组花样）

A·B 配色表

―	绿色
―	青绿色
―	淡绿色
―	水蓝色
―	深绿色
―	红紫色

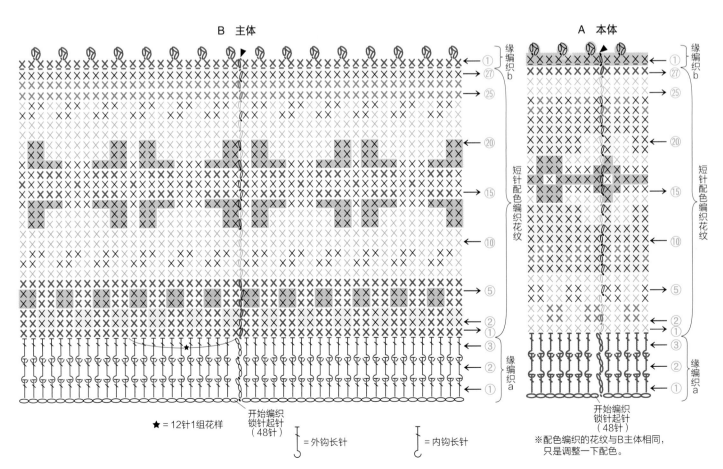

B　主体

A　本体

缘编织b　①
　　27
　　25
　　20
短针配色编织花纹　15
　　10
　　5
　　②①
缘编织a　③②①

★＝12针1组花样

开始编织
锁针起针
（48针）

＝外钩长针　＝内钩长针

※配色编织的花纹与B主体相同，
只是调整一下配色。

30

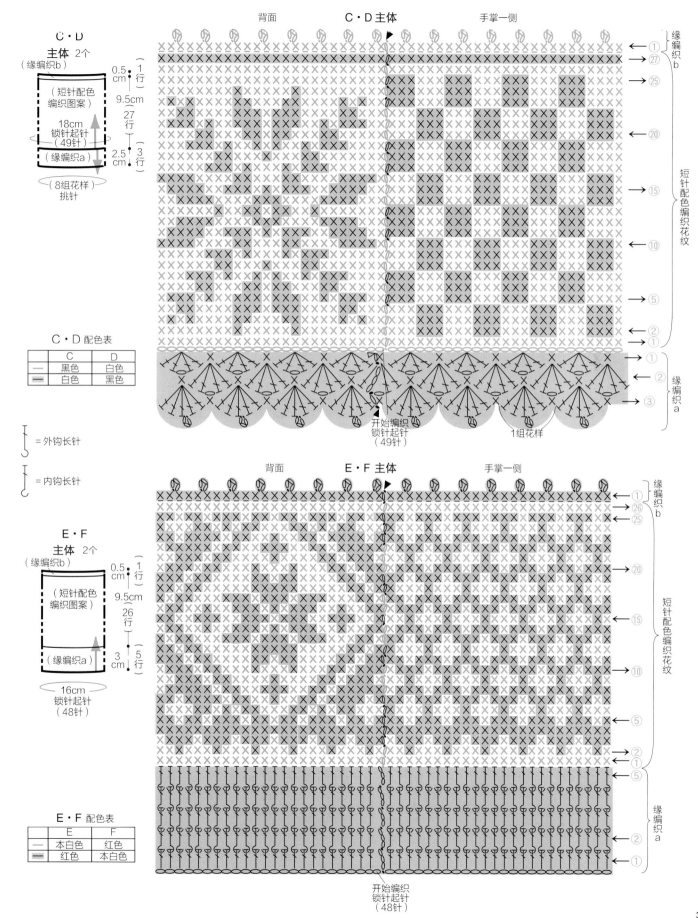

C・D
主体 2个
（缘编织b）

（短针配色编织图案）

18cm
锁针起针
（49针）

（缘编织a）

（8组花样）
挑针

0.5cm（1行）
9.5cm（27行）
2.5cm（3行）

背面　　　　**C・D 主体**　　　　手掌一侧

缘编织b

短针配色编织花纹

缘编织a

1组花样

开始编织
锁针起针
（49针）

C・D 配色表

	C	D
—	黑色	白色
▬	白色	黑色

∫ = 外钩长针

∫ = 内钩长针

E・F
主体 2个
（缘编织b）

（短针配色编织图案）

（缘编织a）

16cm
锁针起针
（48针）

0.5cm（1行）
9.5cm（26行）
3cm（5行）

背面　　　　**E・F 主体**　　　　手掌一侧

缘编织b

短针配色编织花纹

缘编织a

开始编织
锁针起针
（48针）

E・F 配色表

	E	F
—	本白色	红色
▬	红色	本白色

配色编织花纹手套

HAND WARMER

A

可以遮住大半个手背的人气手套。
大大的雪花纹优雅又古典。

编织方法… P.34　设计/制作…镰田惠美子

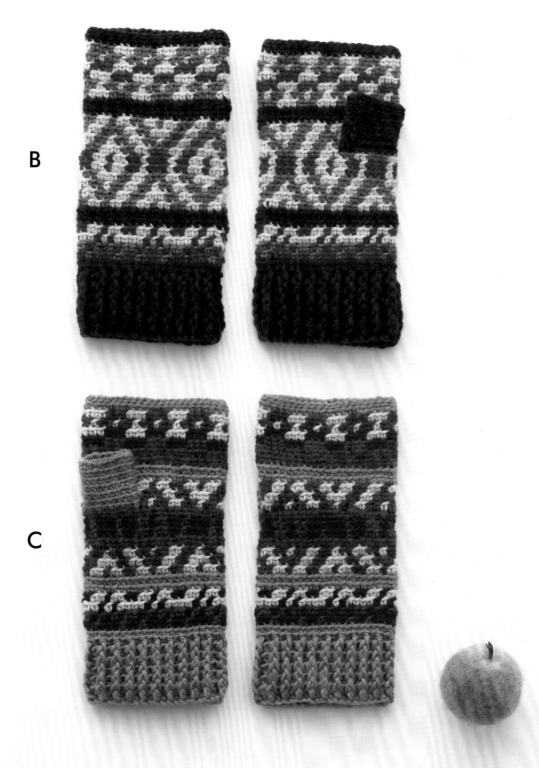

B

C

虽然是同样的花纹但是感觉却完全不同。

一起来尝试独特的配色吧!

编织方法… P.34　设计/制作…镰田惠美子

配色编织花纹护腕 A・B・C

彩图… P.32.33　重点课程…p.6

＊线　A DARUMA手编线　Merino style 粗线／深灰色（112）…50g、浅杏色（101）…7g、粉色（105）…4g

　　B DARUMA手编线　柔软Lamu系列／藏青色（38）…20g、青绿色（37）・本白色（8）…各7g、橙色（26）…4g、黄色（4）…3g

　　C DARUMA手编线　柔软Lamu系列／浅茶色（25）…20g、浅粉色　（7）・深绿色（27）…各7g、紫色（30）…4g、深蓝色（28）…3g

＊针　A 钩针4/0号针　B・C 钩针5/0号针

＊尺寸　A 手腕周长19cm・长18cm　B・C 手腕周长18cm・长17.5cm

＊编织密度　A 短针条纹编织的花样／24针×20.5行=10cm×10cm

　　　　　　B・C 短针条纹编织的花样／23.5针×20.5行=10cm×10cm

＊编织方法

A

锁针起46针，引拔后织成环状。编织6行缘编织。继续编织27行短针条纹编织的花样，在编织到第15行时需要用锁针留出大拇指的位置（要注意左右手的大拇指位置不同）。最后编织1行引拔条纹针。在大拇指位置系线，挑针16针，再编织7行短针条纹针。

B・C

锁针起42针，引拔后织成环状。编织6行缘编织。继续编织26行短针条纹编织的花样，在编织到第15行时需要用锁针留出大拇指的位置（要注意左右手的大拇指位置不同）。最后编织1行引拔条纹针。在大拇指位置系线，挑针16针，再编织7行短针条纹针。

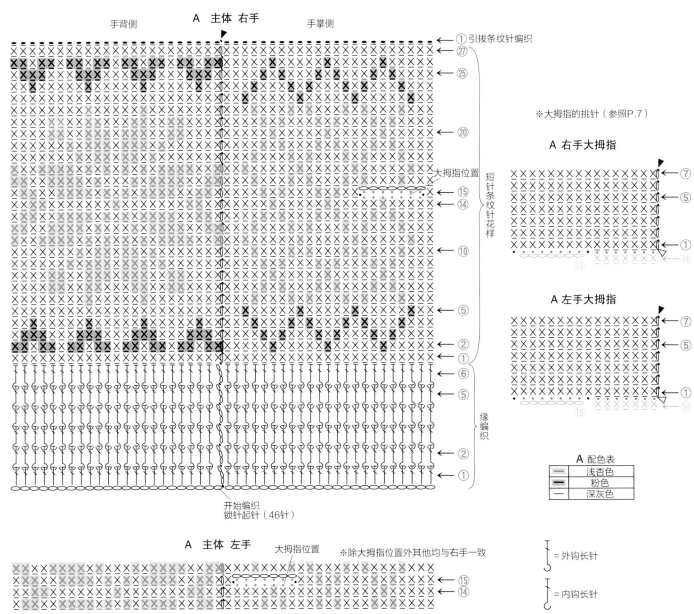

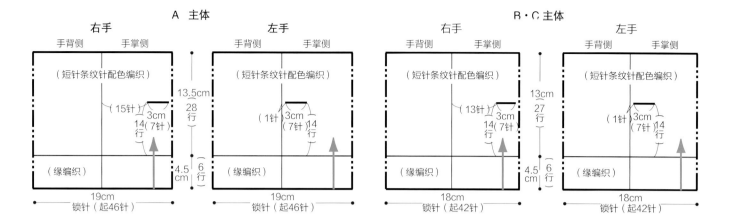

A 主体

右手

手背侧 手掌侧

（短针条纹针配色编织）

（15针）3cm（7针）14行

28行 13.5cm

（缘编织）

4.5cm （6行）

19cm

锁针（起46针）

左手

手背侧 手掌侧

（短针条纹针配色编织）

（1针）3cm（7针）14行

（缘编织）

19cm

锁针（起46针）

B·C 主体

右手

手背侧 手掌侧

（短针条纹针配色编织）

（13针）3cm（7针）14行

27行 13cm

（缘编织）

4.5cm （6行）

18cm

锁针（起42针）

左手

手背侧 手掌侧

（短针条纹针配色编织）

（1针）3cm（7针）14行

（缘编织）

18cm

锁针（起42针）

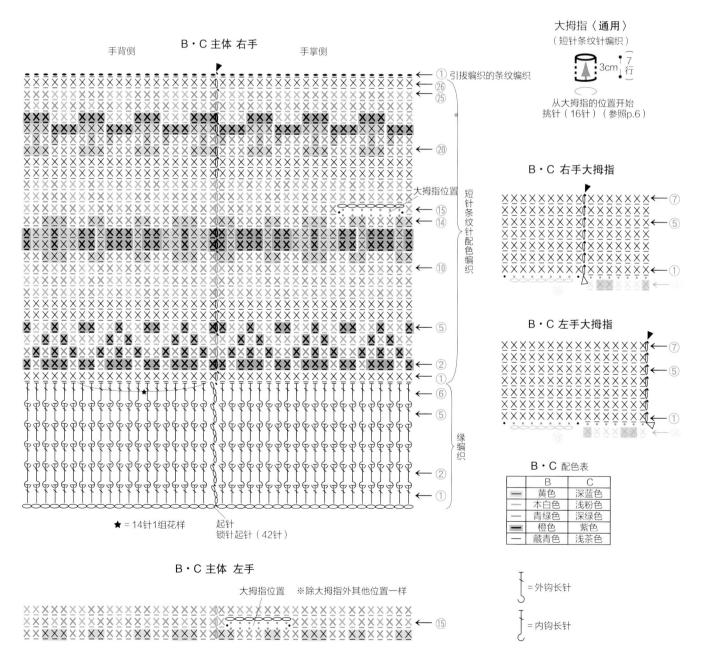

B·C 主体 右手

手背侧 手掌侧

① 引拔编织的条纹编织

㉖
㉕

⑳

大拇指位置

⑮
⑭

⑩

短针条纹针配色编织

⑤

②
①

⑥

⑤

②

①

缘编织

★ = 14针1组花样

起针
锁针起针（42针）

大拇指〈通用〉

（短针条纹针编织）

3cm 7行

从大拇指的位置开始
挑针（16针）（参照p.6）

B·C 右手大拇指

⑦

⑤

①

⑮

B·C 左手大拇指

⑦

⑤

①

⑭

B·C 配色表

	B	C
—	黄色	深蓝色
—	本白色	浅粉色
—	青绿色	深绿色
▨	橙色	紫色
—	藏青色	浅茶色

= 外钩长针

= 内钩长针

B·C 主体 左手

大拇指位置 ※除大拇指外其他位置一样

⑮

35

阿伦花样护腿

A

编织方法… P.38　设计/制作…Ryo

B   C

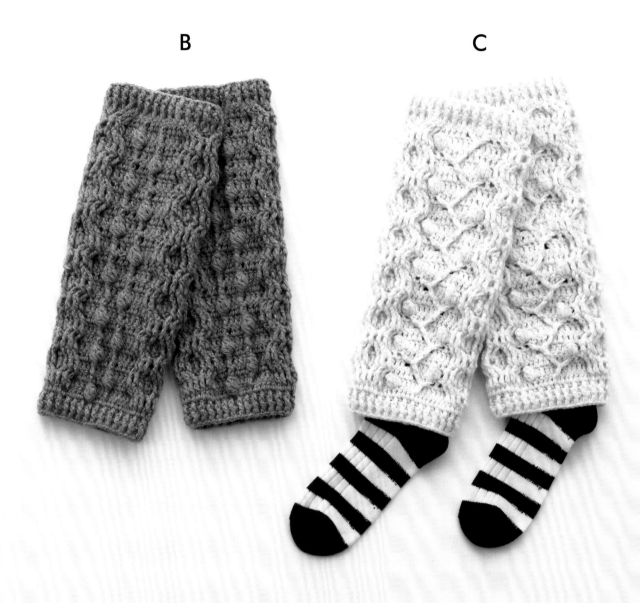

用锁链花纹和浆果果实花纹设计成不同的组合，共有3种颜色。

不需要加减针，只需变换针号的简单编织方法就可以织出温暖的护腿啦。

编织方法… P.38 设计/制作…Ryo

阿伦花样护腿 A · B · C

彩图… P.36.37　基础课程…p.7

＊线　DARUMA手编线　Merino style中粗＜通用＞／A 粉色
　　（6）…150g　B 米黄色（4）…170g　C 本白色（1）…170g
＊针　＜通用＞钩针6/0号·7/0号
＊尺寸　A 脚腕围26cm·长度36cm　B·C 脚腕围26cm·长度35cm
＊编织密度　A 花样编织／17针×8.5行=10cm×10cm
　　B·C 花样编织／19针×9行=10cm×10cm

＊编织方法
A
锁针起51针，引拔后织成环状。编织3行缘编织。继续编织27行花样编织（8行之前用6/0号针，9行之后用7/0号针），短针往返编织5行缘编织b。

B·C
锁针起57针，引拔后织成环状。编织3行缘编织。继续编织27行花样编织（8行之前用6/0号针，9行之后用7/0号针），编织3行缘编织。

※主体的编织方法 B见P.39,C见P.57。

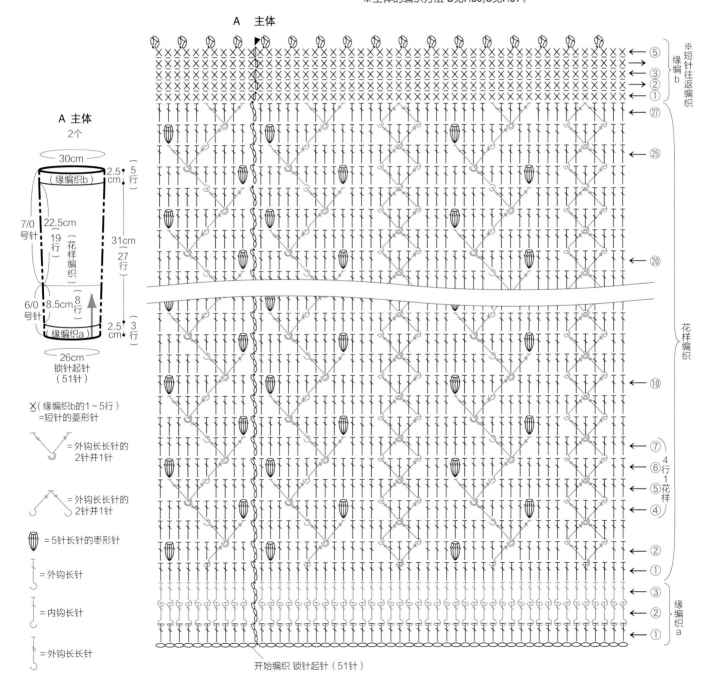

A 主体
2个

X（缘编织b的1～5行）
=短针的菱形针

= 外钩长长针的
2针并1针

= 外钩长长针的
2针并1针

= 5针长针的枣形针

= 外钩长针

= 内钩长针

= 外钩长长针

开始编织 锁针起针（51针）

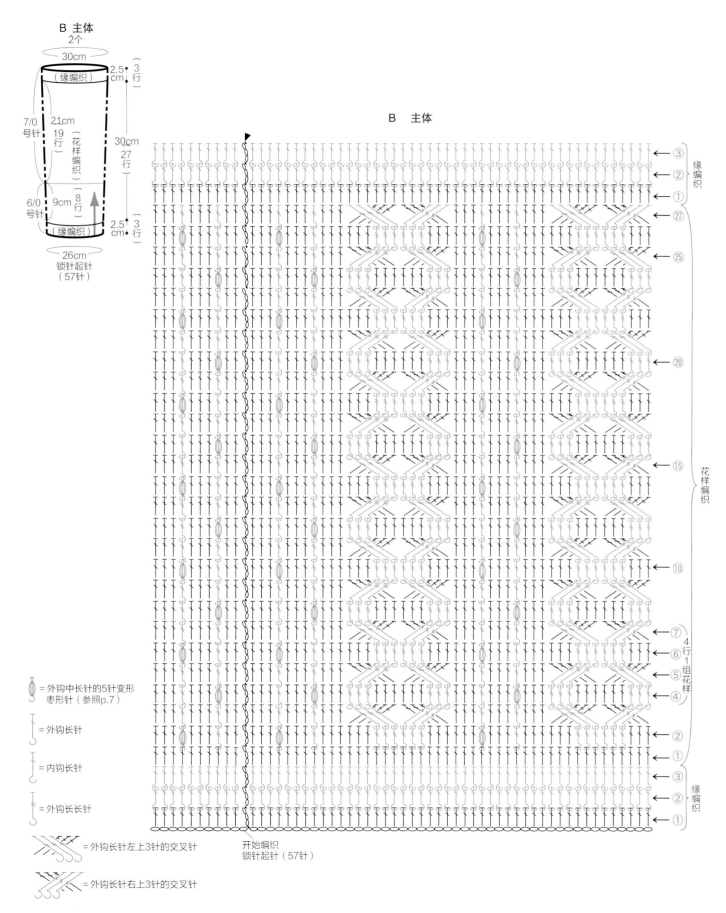

B 主体
2个

30cm

（缘编织）

2.5 cm / 3行

7/0 号针 | 21cm 19行 | （花样编织）

30cm 27行

6/0 号针 | 9cm | 〔8行〕

（缘编织）

2.5 cm / 3行

26cm
锁针起针
（57针）

B　主体

③ ② ① 缘编织

㉗ ㉕ ⑳ ⑮ ⑩ ⑦ ⑥ ⑤ ④ ② ① 花样编织 4行1组花样

③ ② ① 缘编织

开始编织
锁针起针（57针）

= 外钩中长针的5针变形枣形针（参照p.7）

= 外钩长针

= 内钩长针

= 外钩长长针

= 外钩长针左上3针的交叉针

= 外钩长针右上3针的交叉针

糖果色短袜

SOCKS

不论是外出还是居家短袜都是温暖必备的冬季小物。
鲜艳的色彩看起来也更有暖洋洋的感觉。

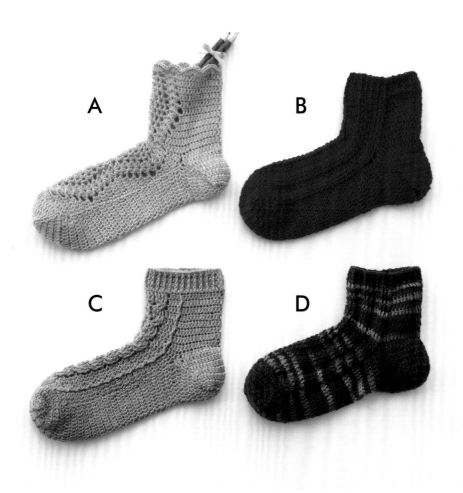

A

B

C

D

钻石花纹&Z字纹

条纹

锚链纹

段染花纹

即使看着也非常开心的糖果色袜子，
偶尔脱下鞋子将袜子作为主角也很开心！

编织方法… P.42　设计/制作…柴田 淳

彩色袜子 A·B·C·D

彩图… P.40.41　重点课程…p8

*线　HAMANAKA　KORPOKKUR系列＜通用＞／A 芥末色（5）
…70g B 红色（7）…80g C 青色（20）…75g
D HAMANAKA　KORPOKKUR系列／藏青色（17）…50g、
KORPOKKUR〈MULTI　COLOR〉／青色系混合色（106）
…30g

*针　＜通用＞钩针3/0号针

*尺寸　＜通用＞脚腕围20cm·深度15cm

*编织密度　＜通用＞花样编织·长针编织／25针×13行=10cm×10cm

*编织方法 ＜通用＞

1　脚尖的编织：锁针起针19针，将起针行挑针后加针编织4行。

2　主体的编织：从脚尖部分开始挑针，脚面用花样编织、脚底用长针编织20行。20行的最后引拔后继续编织23针锁针，将编织物翻转后编织22针长针后引拔。在第21行将编织物翻转，在锁针上将长针针脚挑针后编织。参照花样图编织13行。

3　脚后跟的编织：从主体的空针部分（★）和锁针部分（★）开始各挑针23针，边编织长针边减针共织6行。将剩余针（❤）引拔后缝合。

※主体的编织方法　A：p.43　B·D：p.58　C：p.59

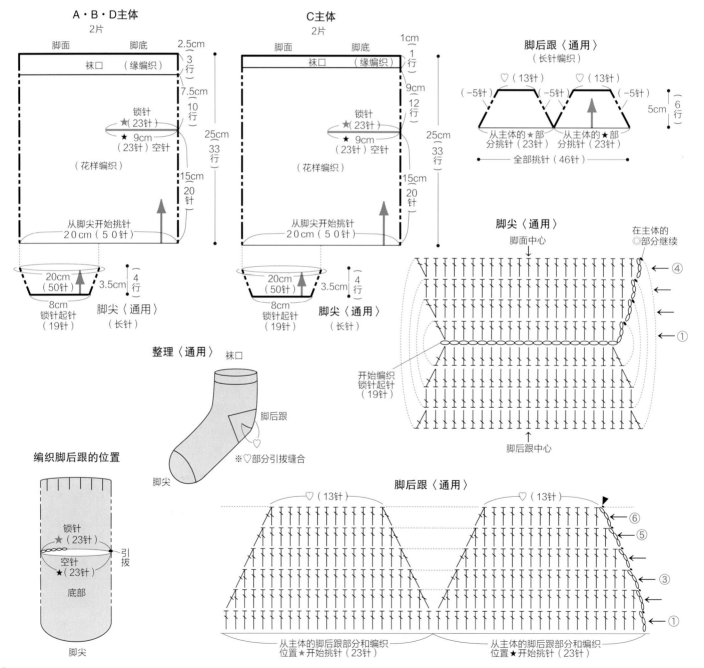

A·B·D主体
2片

C主体
2片

脚后跟〈通用〉
（长针编织）

脚尖〈通用〉

整理〈通用〉

※♡部分引拔缝合

编织脚后跟的位置

脚后跟〈通用〉

从主体的脚后跟部分和编织位置★开始挑针（23针）

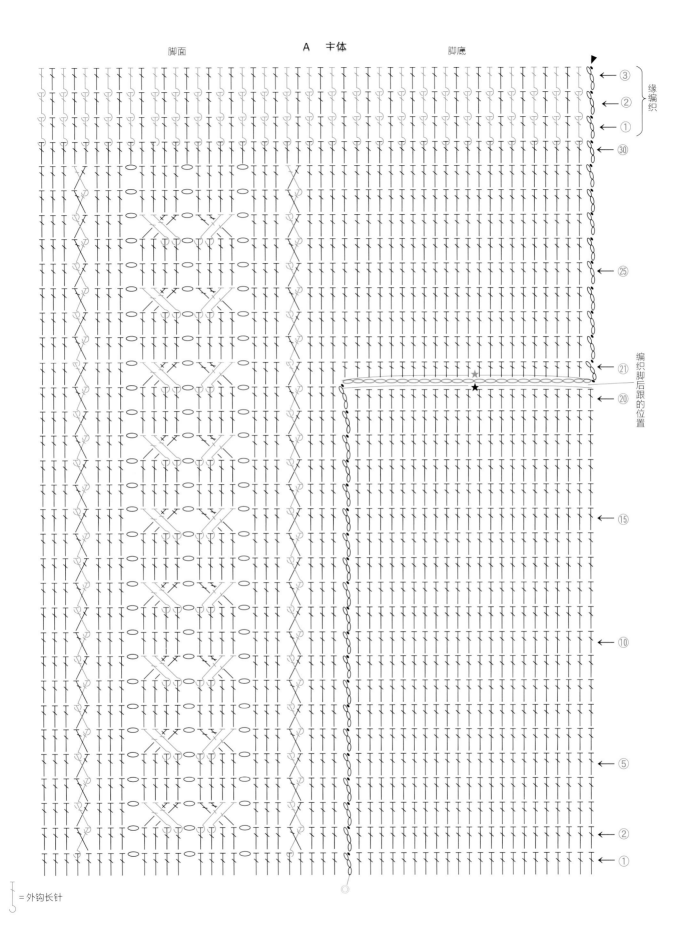

脚面　　　　　　　　　　　A　丰体　　　　　　　　　脚底

= 外钩长针

43

拼色花纹复古包

POUCH

A

用粗毛线编织出温暖的复古风花纹手包，
放入护手霜和护唇膏等小物件正合适。

编织方法… P.46　设计/制作…野口智子

B

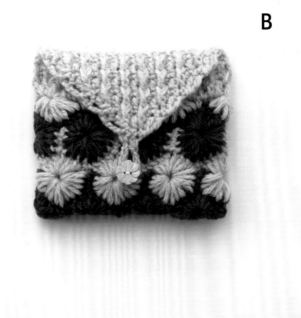

/ OPEN!

还有一个小盖子，看起来特别可爱的信封包包。

编织方法… P.46　设计/制作…野口智子

拼色花纹复古包 A · B

彩图… P.44.45 重点课程…p.9

* 线 Olympus手编线 NICOTTO SWEET candy＜通用＞／
  A 黄色（303）…18g、海军蓝（307）…14g B 米黄色（301）
  …20g、绿色（306）…14g
* 其他 A 拉锁 藏青色 20cm… 1根 B 直径2cm的扣子…1颗
* 针 ＜通用＞钩针8/号针
* 尺寸 ＜通用＞宽16.5cm 高13.5cm

* 编织方法
1 ＜通用＞
锁针起27针，引拔后织成环状。编织7行花样。
2
A 继续编织4行缘编织。将拉锁和主体缝合（参照p.9），在拉锁上装上流苏。
B 在缘编部分继续用平针编织11行作为盖子。在第11行用锁针编织出扣环，最后将扣子缝在主体上。

主体 A
（花样编织）

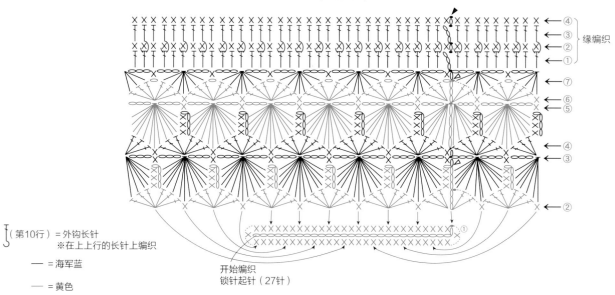

┬（第10行）＝外钩长针
※在上上行的长针上编织

—— ＝海军蓝

—— ＝黄色

开始编织
锁针起针（27针）

流苏的制作方法
黄色

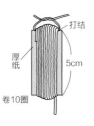

厚纸
卷10圈
打结
5cm

在厚纸上用线缠绕10圈，
将一边固定打结（参照p.9）

系紧 1.5cm
整理 2.5cm

整理方法

①反面看到的拉锁缝制方法

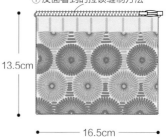

13.5cm

16.5cm

②将流苏穿过拉锁后固定

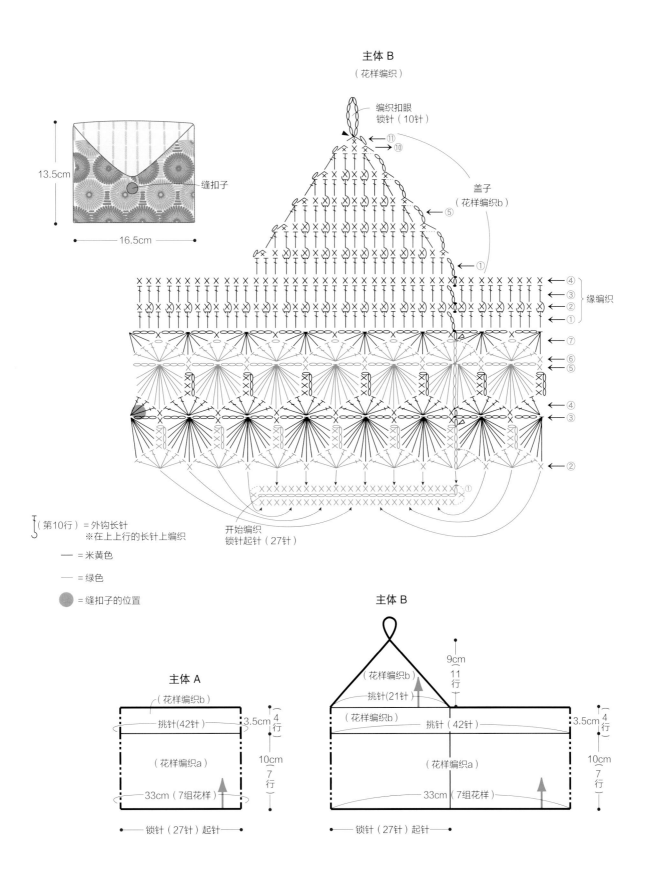

主体 B
（花样编织）

编织扣眼
锁针（10针）

⑪
⑩

盖子
（花样编织b）

⑤

①

④
③
②
①

缘编织

⑦

⑥
⑤

④
③

②

①

开始编织
锁针起针（27针）

（第10行）= 外钩长针
※在上上行的长针上编织

—— = 米黄色

—— = 绿色

= 缝扣子的位置

13.5cm

缝扣子

16.5cm

主体 A

（花样编织b）

挑针（42针）

3.5cm（4行）

（花样编织a）

10cm（7行）

33cm（7组花样）

锁针（27针）起针

主体 B

（花样编织b）

9cm（11行）

挑针（21针）

（花样编织b）

挑针（42针）

3.5cm（4行）

（花样编织a）

10cm（7行）

33cm（7组花样）

锁针（27针）起针

七彩发圈

用冬天款的线编织的发圈，只要松松地扎一圈也很可爱！
将皮筋穿过圆滚滚的长条管状编织物内即完成制作。

A

B

C

D

E

一起按照编织图上的线的种类和颜色来搭配不同感觉的发圈吧~

编织方法… **P.50**　设计/制作…野口智子

七彩发圈 A · B · C · D · E

彩图… P.48 · 49

＊线　A Olympus手编线　LAFESTA系列／黑色混合色（9）…4g、
　　Olympus手编线　silky grace系列／黑色（10）、Olympus手编线
　　Merino kids系列／浅灰色（202）…各3g
　　B Olympus手编线　Quintet系列／粉色系混合色（3）…15g
　　C Olympus手编线　暖心Alpaca系列／灰色（8）、Eternity
　　Lame系列／绿色（6）…各6g
　　D Olympus手编线　Premio系列／蓝色（13）…8g、米黄色
　　（9）…7g
　　E Olympus手编线　Eternity Lame系列／本白色（1）…5g、
　　Olympus手编线　Merino kids系列／米黄色（52）…4g、绿色
　　（59）…2g、海军蓝（61）、粉色（57）…各少量
＊其他＜通用＞皮筋…20cm
＊针　＜通用＞钩针7/0号针
＊尺寸　直径12cm

＊编织方法 ＜通用＞
1 锁针起16针，引拔后织成环状。花样编织43行。＊A,C,D,E按配色编织。
2 编织43行后停针，然后将皮筋穿过编织物内将两头系紧固定。
3 将停针行穿上针后引拔编织最后1行后与起针行连接。

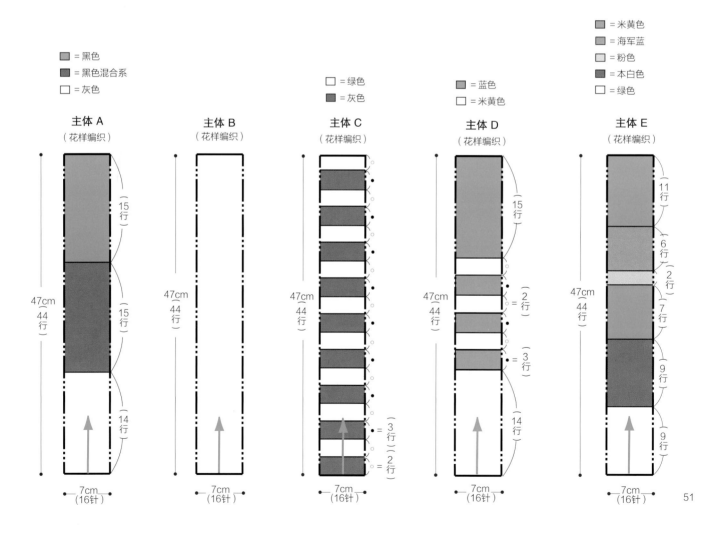

51

50

花样编织 通用

7/0号针

← ㊹
※参照"起针行和收针行
的缝合方法"与起针缝合

← ㊵

← ㉟

← ㉚

← ㉕

← ⑳

← ⑮

← ⑩

5

5

← ⑤

← ①

开始编织
锁针起针（16针）

将起针行和最终行
引拔后编织成环状

整理方法 <通用>

①主体编织43行后停针，将皮筋穿过发圈

②将皮筋两端固定

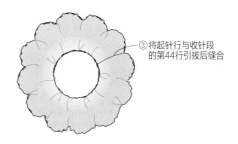

③将起针行与收针段
的第44行引拔后缝合

起针行和收针行的缝合方法

通用

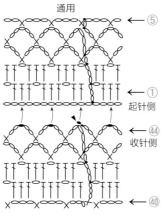

← ⑤

← ① 起针侧

← ㊹ 收针侧

← ㊵

①收针行从第1针开始
边挑针边缝合编织。

②将20cm黑色圆形皮筋
从编织行内插入后打结固定。

通用

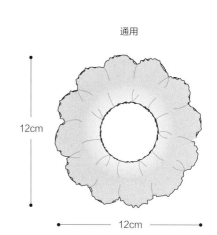

12cm

12cm

阿伦格子花纹包

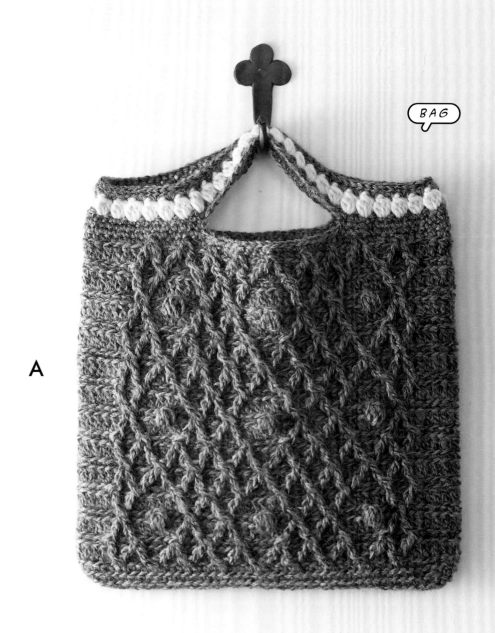

BAG

A

用长针的交叉编织来表现出格子的感觉，
在几处加入水滴形花纹是不是让人耳目一新呢？

编织方法… **P.54**　设计/制作…今村曜子

B

将其中一组花纹稍稍增加针数拉长尺寸就变化出新的样式。
虽然是深色但是却有种非常华丽的感觉，
很适合作为服装的配色搭配。
对折后也可以作为无带手包用。

编织方法… P.54　设计/制作…今村曜子

阿伦格子花纹包 A · B

彩图… P.52.53

*线　Olympus手编线　Treehouse leaves系列＜通用＞／A 灰　色
　（3）…120g、本白色（1）…10g　B 红色（7）…165g
*针　＜通用＞钩针7/0号针
*尺寸　A 宽25cm　深25cm　B 宽25cm　深30.5cm
*编织密度　＜通用＞花样编织/18针×11.5行=10cm×10cm

*编织方法
1 ＜通用＞
锁针起针，引拔后织成环状。主体A编织25行花样编织，主体B编织33行。
2 参照图示，分别编织A·B的提手部分和主体部分。A的提手的第2行换成本白色线编织1行枣形针。B的提手的前端用短针编织后收针完成。（参照下图解说）。

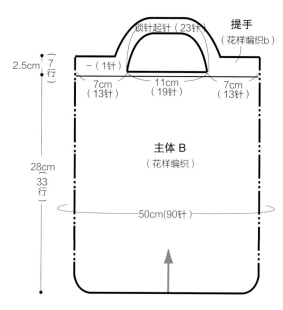

主体B折叠后可以作为无带手包，是第二种用法哦！

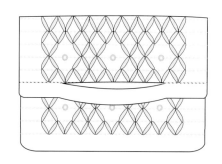

B的提手的第4行（包住上行进行短针编织）

※ 为了便于理解使用了不同颜色的线。
第4行

1 在第4行钩1针锁针。将针头插入第2行（上上行）内。

2 在针头挂线并抽出针。

3 在针头挂线引出（a）。织1针短针完成（b）。

4 参照步骤2～3编织短针。图中为第4行的位置。第6行也同样将第4针挑针，第5行编织短针。

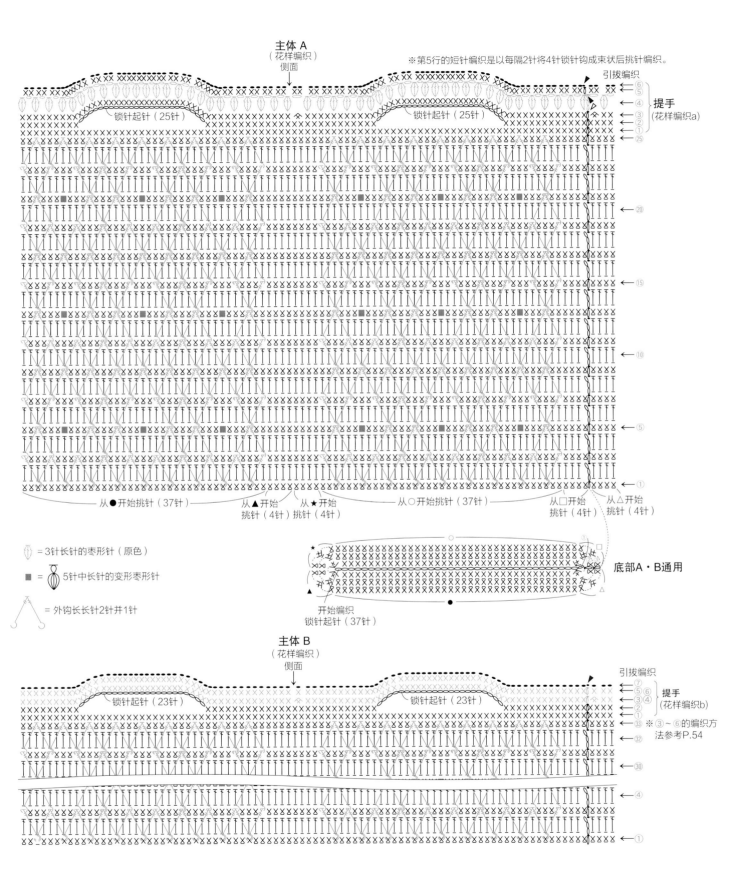

主体 A
（花样编织）
侧面

※第5行的短针编织是以每隔2针将4针锁针钩成束状后挑针编织。

引拔编织

提手
（花样编织a）

锁针起针（25针）
锁针起针（25针）

从●开始挑针（37针）　从▲开始
挑针（4针）挑针（4针）　从★开始　从○开始挑针（37针）　从□开始
挑针（4针）　从△开始
挑针（4针）

= 3针长针的枣形针（原色）

= 5针中长针的变形枣形针

= 外钩长长针2针并1针

底部A・B通用

开始编织
锁针起针（37针）

主体 B
（花样编织）
侧面

引拔编织

提手
（花样编织b）

锁针起针（23针）
锁针起针（23针）

※ ③～ ⑥的编织方
法参考P.54

55

MATERIAL GUIDE

本书中使用毛线简介 （图片与实物等大）

a
b
c
d
e
f
g
h
i
j
k
l
m
n
o
p
q
r
s
t
u

Olympus制线（股份有限公司）

a Silky grace系列/钩针4/0~5/0号针，羊毛（Merino羊毛）59% 丝29% 马海毛（儿童马海毛）10% 聚酯纤维2%，30g线团，约118m，12色

b 暖心Alpaca系列/钩针4/0~5/0号针，羊驼毛100%（Royal baby羊驼毛100%），25g线团，约90m，10色

c Premio系列/钩针5/0~6/0号针，羊毛（内含Tasmanian Poloworth 40%），40线团，约114m，26色

d Milky kids系列/钩针5/0~6/0号针，羊毛60% 腈纶40%，40g线团，约98m，13色

e Merino kids系列/钩针5/0~6/0号针，羊毛100%（Merino羊毛100%），40g线团，约108m，11色

f EVER TWEED系列/钩针7/0~8/0号针，羊毛96%（内含Tasmanian Poloworth 33%），尼龙4%，40g线团，约78m，13色，520日元+税

g Tree House Leaves系列/钩针7/0~8/0号针，羊毛（Merino羊毛）80% Alpaca（Baby Alpaca）系列20%，40g线团，约72m，11色

h EVER系列/钩针6/0~7/0号针，羊毛100%（内含Tasmanian Poloworth 50%），40g线团，约78m，10色

i NICOTTO SWEET candy系列/钩针7/0~8/0号针，羊毛65% 腈纶35%，30g线团，约60m，8色

j EVER FEEL系列/钩针7/0~8/0号针，羊毛100%（内含Tasmanian Poloworth 40%），40g线团，约80m，9色

k LAFESTA系列/钩针7/0~8/0号针，羊毛（Merino 羊毛）72% 涤纶16% 尼龙8% 马海毛（儿童马海毛）4%，25g线团，约75m，9色

l Quintet系列/钩针7/0~8/0号针，羊毛（Merino羊毛）43%，马海毛（儿童马海毛）39% 尼龙18%，40g线团，约93m，9色

m Eternity Lame系列/钩针5/0~6/0号针，羊毛（Merino 羊毛）37% 三醋酸纤维37% 涤纶26%（内含牛毛7%），30g线团，约120m，8色

HAMANAKA（股份有限公司）

n KORPOKKUR系列/钩针3/0号针，羊毛40% 腈纶30% 尼龙30%，25g线团，约92m，21色

o KORPOKKUR系列（Multi-Color）/钩针3/0号针，羊毛40% 腈纶30% 尼龙30%，25g线团，约92m，6色

p Amerry系列/钩针5/0~6/0号针，羊毛70%（New Zealand Merino）腈纶30%，40g线团，约110m，24色

横田（股份有限公司）DARUMA手编线

q 小卷Café Demi/钩针2/0~3/0号针，腈纶70% 羊毛30%，5g线团，约19m，30色

r 柔软Lamu系列/钩针5/0~6/0号针，腈纶60% 羊毛（Lamu羊毛）40%，30g线团，约103m，30色

s Merino Style粗/钩针4/0~5/0号针，羊毛（Merino）100%，40g线团，约137m，15色

t Merino Style中粗/钩针6/0~7/0号针，羊毛（Merino）100%，40g线团，约88m，14色

u 经典毛呢线/钩针8/0~9/0号针，羊毛100%，40g线团，约55m，6色

※印刷原因，图片有时会存在色差。
※a~u均为从左开始为线的名称—适合的针号—材质—重量—线长度—颜色数量。
※颜色数量以2014年11月市场为准。
※有关毛线的相关问询请咨询以下公司

Olympus制丝株式会社 TEL052-931-6652
〒461-0018 名古屋市东区主税街4-92
http://www.olympus-thread.com

Hamanaka株式会社 TEL075-463-5151
〒616-8585 京都市右京区花园薮之下街2号地3
http://www.hamanaka.co.jp

横田株式会社 DARUMA手编线 TEL06-6251-2183
〒541-0058 大阪市中央区南久宝寺街2-5-14
http://www.daruma-ito.co.jp/

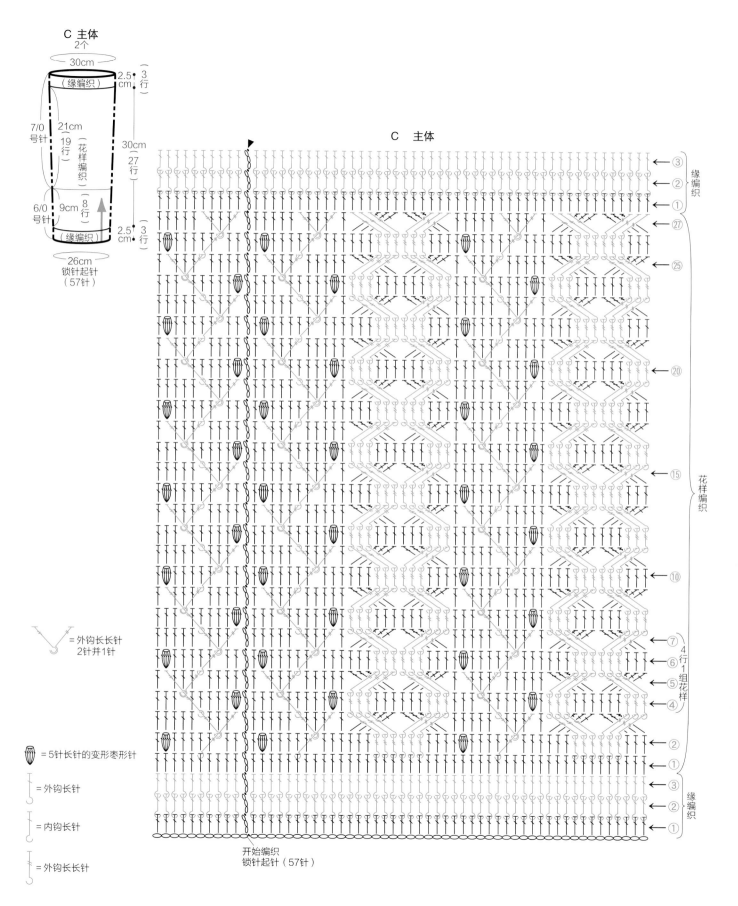

C 主体
2个

30cm

（缘编织）

2.5 cm · 3 行

7/0 号针

21cm
（19 行）

（花样编织）

30cm
（27 行）

6/0 号针

9cm
（8 行）

（缘编织）

2.5 cm · 3 行

26cm
锁针起针
（57针）

C　主体

缘编织 ③ ② ①

花样编织 ㉗ ㉕ ⑳ ⑮ ⑩ ⑦ ⑥ ⑤ ④ ② ①

4行1组花样

缘编织 ③ ② ①

开始编织
锁针起针（57针）

＝外钩长长针
2针并1针

＝5针长针的变形枣形针

＝外钩长针

＝内钩长针

＝外钩长长针

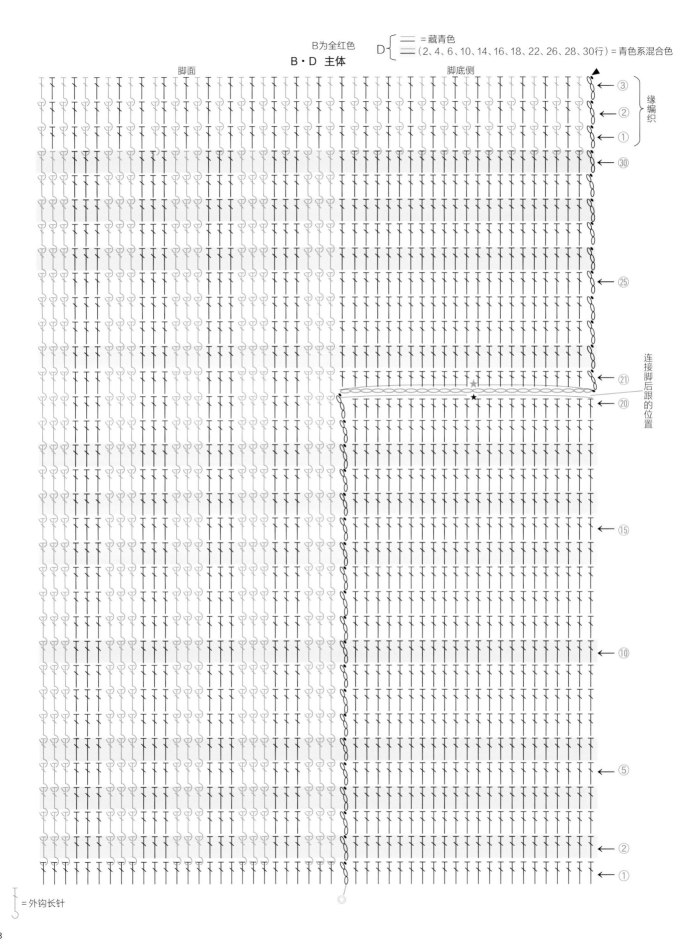

B为全红色

B·D 主体

D { ── = 藏青色
── (2、4、6、10、14、16、18、22、26、28、30行) = 青色系混合色

脚面　　　　　　　　　　　　　脚底侧

▲
← ③ ⎫
← ② ⎬ 缘编织
← ① ⎭
← ㉚
← ㉕
← ㉑
← ⑳ ⎱ 连接脚后跟的位置
← ⑮
← ⑩
← ⑤
← ②
← ①

⊺ = 外钩长针

脚面　　　　　　　　　　C　主体　　　　　　　　脚底

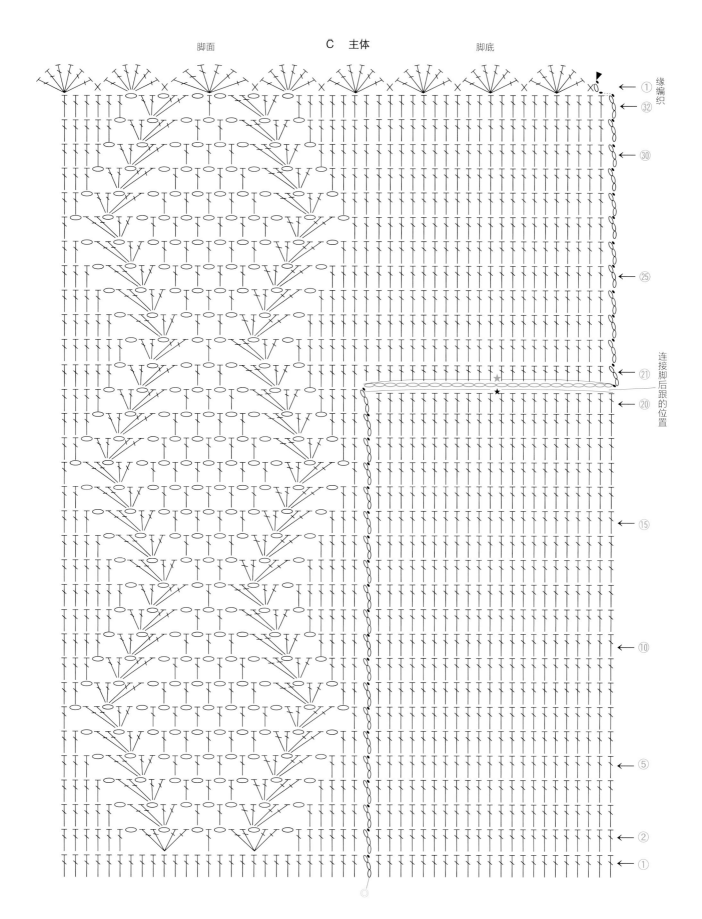

缘编织
① ←
㉜ ←
㉚ ←
㉕ ←
㉑ ←
连接脚后跟的位置
⑳ ←
⑮ ←
⑩ ←
⑤ ←
② ←
① ←

钩针编织基础

符号图解的参照方法

本书符号图解均以正面视角呈现以及日本工业规格（JIS）为标准的。
符号图解中并没有正针和反针的区别（引拔针除外），即便是正反两面交换编织的平针的情况下，符号图的表示也是一样的。

锁针参照方法

正面

反面

里山

锁针有正反两面。反面的中央伸出的一根线，被称为锁针的里山。

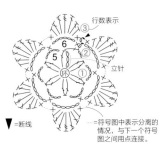

▼=断线

=符号图中表示分离的情况，与下一个符号图之间用点连接。

从中心向外编织环形时

绕一个线圈（或者钩1针锁针）作为线心，逐行编织圆形。各行都从同一个位置的开始编织。基本上，这一类型的符号图示都以正面为准，按照逆时针方向的顺序编织。

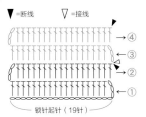

▼=断线　▽=接线

片织的情况

左右起针片织。一般的做法是：如果从右侧起针时，要将正面朝向自己，按照从右至左的顺序编织。如果从左侧起针，要将反面朝向自己，按照从左至右的顺序编织。图示为在第3行换配色线的符号图。

锁针起针（19针）

线和针的握法

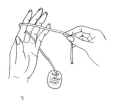

1 将线穿过左手小拇指和无名指之间，然后将线绕在食指上，置于前侧。

2 用大拇指和中指捏住线头，食指挑起线，让线形成一个别针的形状。

3 用大拇指和食指握住钩针，将中指轻轻抵住钩针头。

最初的针的编织方法

1 将钩针按照箭头方向旋转1圈。

2 再在针上挂线。

3 针钩住线，从线圈抽出（朝自己的方向）。

4 拉紧线头，将针圈收紧。这样就完成最初的针了。（数针数时此针不算作1针）

起针

环

从中心开始编织圆形的情况
（用线端做1个圈）

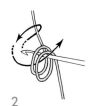

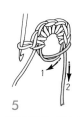
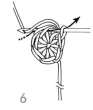

抽出的1针

1 将线在左手食指上绕2圈，做成线圈。

2 将手指上的线圈取下来，插入钩针，然后在针上挂线，如箭头方向抽出。

3 继续在钩针上挂线，然后抽出线。这样就钩好了起头的1针。

4 第1行，将针插入线圈，钩适当针数的短针。

5 将钩针抽出，将中心线圈抽紧。

6 第1行编织到最后，将钩针插入到最初的短针的顶部，再在钩针上挂线，将线抽出。

6

从中心开始编织圆形的情况
（用锁针做1个圈）

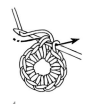

1 编织适当针数的锁针，将针插入最开始的1针的半针，如图将线抽出。

2 针头挂线，从线圈抽出，这样就钩好1针起头的锁针了。

3 将针插入锁针辫子环中，如图编织适当的针数将锁针环包起来。

4 第1行编织到最后，将钩针插入到最初的短针顶部，再在钩针上挂线，之后将线抽出。

片织的情况

1针锁针立针

1 编织适当针数的锁针和立针，将钩针插入从立针往下数的第2针锁针，挂线后抽出。

2 在针头挂线，按照箭头所示方向将线抽出。

3 这样就编好第1行了。（立针锁针不能算作1针）

在前行针圈挑针

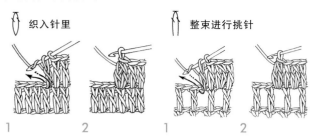

织入针里

1 2

整束进行挑针

1 2

根据符号图解，即使是相同的枣形针，其挑针方法也不尽相同。符号图解的下方封闭时，在前行的针里挑针编织，符号图解的下方开口时，将各线圈合成整束进行挑织。

● **引拔编织**

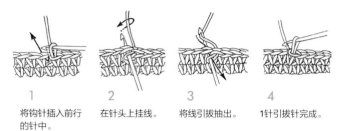

1

将钩针插入前行的针中。

2

在针头上挂线。

3

将线引拔抽出。

4

1针引拔针完成。

┬ **中长针编织**

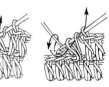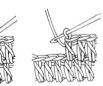

1

针头挂线，将针插入上1行的针中，将线挑起。

2

继续在针头挂线，然后朝自己方向抽出。

3

继续挂线，将3个线圈一起引拔抽出。

4

1针中长针完成。

长长针　**三卷长针编织**　＊（ ）里面表示三卷长针编织的次数

1

在针头挂2次（3次）线，然后将钩针插入前行的针圈里，再次挂线，然后将线圈朝自己方向抽出。

2

如箭头方向在针上挂线，将2个线圈引拔抽出。

3

重复步骤2共2次（3次）。

4

1针长长针（三卷长针）织完成。

编织针法符号

○ **锁针编织**

5针

1

起针，然后在针头挂线。

2

将线抽出，完成1针锁针。

3

重复步骤1、2，然后继续编织。

4

5针锁针完成。

✕ **短针编织**

1

将钩针插入前行的针中。

2

针头挂线，将线圈朝自己的方向抽出。

3

针头再次挂线，将2针一起引拔抽出。

4

1针短针完成。

┬ **长针**

1

在针上挂线，将针插入前行的针中，再继续挂线，然后将线圈朝自己的方向抽出。

2

根据箭头所示，在针上挂线，将2个线圈引拔抽出（这个状态叫未完成的长针编织）。

3

再一次在针上挂线，将剩下的2个线圈如箭头所示引拔抽出。

4

1针长针编织完成。

✕ **短针单面钩织（条纹针）**

1

正面（朝向自己）编织每行。环状钩织短针，最后1针和第1针引拔编织。

2

编织起头的1针锁针，钩住上1行末尾的半针，继续编织短针。

3

重复步骤2，继续编织短针。

4

这样的话，前1行正面（朝向自己这侧）的半针就形成了一条线。图为编织了3行短针单面钩织的样子。

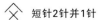 短针2针并1针　 短针3针并1针　*（ ）内为短针3针并1针的情况

1
如箭头方向将钩针插入前行的1针中，将线圈抽出。

2
从下一针开始以同样方法将线圈抽出。

3
在针上挂线，如箭头方向将3个线圈一起引拔抽出。

4
短针2针并1针完成（比前行减少1针的状态）。

 短针1针分2针　 短针1针分3针

1
编织1针短针。

2
将针插入同一针里，将线圈引拔抽出，继续编织短针。

3
编入2针短针（比前行多1针的状态），完成1针分2针。

4
再多织1针短针，即编入3针短针（比前行多2针的状态），完成1针分3针。

 长针2针并1针

1
在前行的1针中，编织1针未完成的长针，然后按照箭头方向将针插入下1针中，再将线抽出。

2
在针上挂线，将2个线圈引拔抽出，编织第2针未完成的长针。

3
继续在针上挂线，如箭头方向将3个线圈一起引拔抽出。

4
长针2针并1针完成（比上一行减少1针）。

 长针1针分2针

1
在编织了1针长针的同一针里，再编入1针长针。

2
在针上挂线，将2个线圈引拔抽出。

3
再一次挂线，将剩下的2个线圈也引拔抽出。

4
在同一针上钩编2针长针的样子。（比上一行增加1针）

 3针中长针的变形枣形针　*5针中长针的变化枣型针为步骤1中未完成的5针中长针，以同样要领编织。

1
在前行的同一针上，编织3针半完成的中长针。

2
在针上挂线，按照箭头所示方向将6个线圈一起引拔抽出。

3
继续挂线，将剩下的针一起引拔抽出。

4
3针长编织的变形枣形针完成。

 5针长针的圆锥针

1
在前行的同一针里，编织5针长针，然后暂时将针从线圈退下，再按照箭头方向重新插入。

2
将线圈朝自己方向引拔抽出。

3
钩1针锁针，然后收紧。

4
5针长针的圆锥针完成。

 结粒针

1
编织3针锁针。

2
将针插入短针顶部的半针，然后钩住根部的线（图示灰线）。

3
在针上挂线，如箭头方向一起引拔抽出。

4
结粒针完成。

 逆短针

1
编织1针立针锁针。按照箭头从正面绕1圈后插入右侧针脚。

2
在针上挂线，按照箭头将线从正面抽出。

3
在针上挂线，一次引拔2个线圈。

4
重复1～3，编织到最后将针抽出。在起针的位置从反面按照箭头挂线引出，最后，整理反面的线头。

长针右上1针的变形交叉针

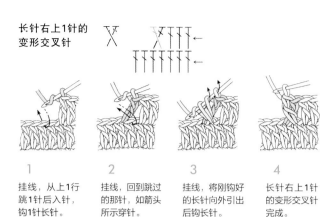

1 挂线，从上1行跳1针后入针，钩1针长针。

2 挂线，回到跳过的那针，如箭头所示穿针。

3 挂线，将刚钩好的长针向外引出后钩长针。

4 长针右上1针的变形交叉针完成。

长针左上1针的变形交叉针

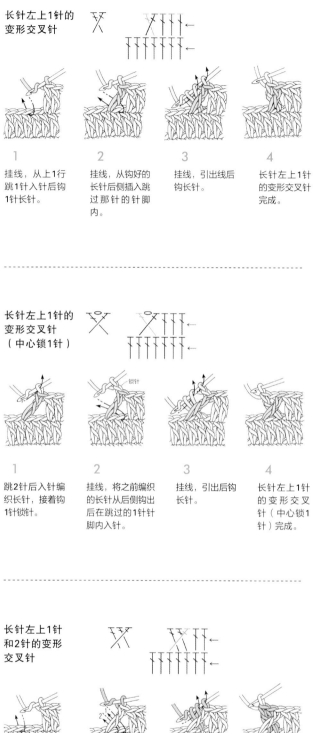

1 挂线，从上1行跳1针入针后钩1针长针。

2 挂线，从钩好的长针后侧插入跳过那针的针脚内。

3 挂线，引出线后钩长针。

4 长针左上1针的变形交叉针完成。

长针右上1针的变形交叉针（中心锁1针）

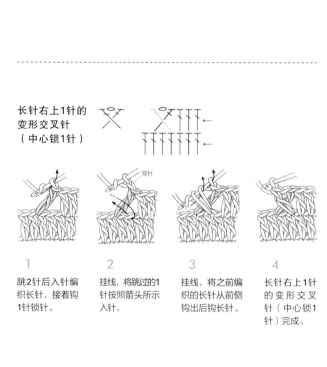

锁针

1 跳2针后入针编织长针，接着钩1针锁针。

2 挂线，将跳过的1针按照箭头所示入针。

3 挂线，将之前编织的长针从前侧钩出后钩长针。

4 长针右上1针的变形交叉针（中心锁1针）完成。

长针左上1针的变形交叉针（中心锁1针）

锁针

1 跳2针后入针编织长针，接着钩1针锁针。

2 挂线，将之前编织的长针从后侧钩出后在跳过的1针针脚内入针。

3 挂线，引出后钩长针。

4 长针左上1针的变形交叉针（中心锁1针）完成。

长针右上1针和2针的变形交叉针

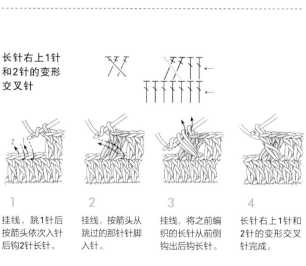

1 挂线，跳1针后按箭头依次入针后钩2针长针。

2 挂线，按箭头从跳过的那针针脚入针。

3 挂线，将之前编织的长针从前侧钩出后钩长针。

4 长针右上1针和2针的变形交叉针完成。

长针左上1针和2针的变形交叉针

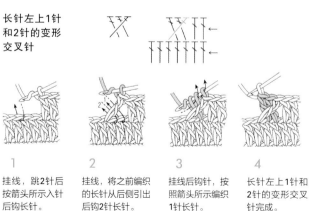

1 挂线，跳2针后按箭头所示入针后钩长针。

2 挂线，将之前编织的长针从后侧引出后钩2针长针。

3 挂线后钩针，按照箭头所示编织1针长针。

4 长针左上1针和2针的变形交叉针完成。

外钩短针

※片织时，若是正面（朝向自己）编织，则为外钩短针编织。

1 如箭头所示，将钩针插入前行的短针针脚里。

2 在针上挂线，抽线时，要抽比钩短针更长的线。

3 再一次在针上挂线，将2个线圈一起引拔抽出。

4 1针外钩短针完成。

外钩长针

＊从重复编织的反面看即为内钩长针

1 在针尖挂线，从上1行长针针脚按箭头所示从正面引出。

2 挂线，引出较长的线。

3 再次挂线，引拔两个线圈。重复1次相同动作。

4 外钩长针1针完成。

内钩短针

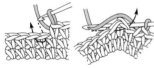

※往返编织时，若是反面（朝向自己）编织，则为内钩短针编织。

1 如箭头所示，将钩针从反面插入前行的短针针脚里。

2 在针上挂线，按照箭头所示将钩针从编织物的反面抽出。

3 再次在针上挂线，抽出比钩短针更长的线。将2个线圈一起抽出。

4 1针内钩短针完成。

内钩长针

＊从重复编织的反面看即为外钩长针

1 在针尖挂线，从上1行长针针脚按箭头所示从织片背面引出。

2 挂线，按箭头从织片背面引出。

3 引出长线，再次挂线引拔两个线圈。重复1次相同动作。

4 内钩长针1针完成。

图书在版编目（CIP）数据

每天都用的圈织暖物 / 日本E&G创意编著；张潞慧译. --北京：中国纺织出版社，2016.5

ISBN 978-7-5180-2436-0

Ⅰ.①每… Ⅱ.①日… ②张… Ⅲ.①钩针—编织—图集 Ⅳ.①TS935.521-64

中国版本图书馆CIP数据核字（2016）第053911号

原文书名：**每日使いの輪編みコモノ**

原作者名：E&G CREATES

Copyright ©eandgcreates 2014

Original Japanese edition published by E&G CREATES.CO.,LTD

Chinese simplified character translation rights arranged with E&G CREATES.CO.,LTD

Through Shinwon Agency Beijing Office.

Chinese simplified character translation rights © 2016 by China Textile & Apparel Press

本书中文简体版经E&G CREATES授权，由中国纺织出版社独家出版发行。

本书内容未经出版者书面许可，不得以任何方式或任何手段复制、转载或刊登。

著作权合同登记号：图字：01-2015-4787

责任编辑：刘茸　　　责任印制：储志伟
封面设计：培捷文化　版式设计：观止工作室

中国纺织出版社出版发行
地址：北京市朝阳区百子湾东里A407号楼 邮政编码：100124
销售电话：010—67004422　传真：010—87155801
http://www.c-textilep.com
E-mail: faxing@c-textilep.com
中国纺织出版社天猫旗舰店
官方微博http://weibo.com/2119887771
北京华联印刷有限公司印刷 各地新华书店经销
2016年5月第1版第1次印刷
开本：889×1194　1／16　印张：4
字数：48千字　定价：32.80元

凡购本书，如有缺页、倒页、脱页，由本社图书营销中心调换